国家级电工电子实验教学示范中心实验教材系列

信号与系统实验

张　钰　吕伟锋　董晓聪　主编

王光义　主审

科学出版社

北　京

内 容 简 介

本书是信号与系统实验教材,分为软件和硬件两部分。其中,第 1~10 章为硬件内容,第 11~18 章为软件内容。硬件内容包括电信号的分解与合成、系统响应的观测、时域采样与恢复、无源(有源)低通高通滤波器设计、无源(有源)带通带阻滤波器设计、状态轨迹的显示、基本运算单元电路实现和连续时间系统的模拟。软件内容包括使用 MATLAB 软件实现连续(离散)时间系统的时域、频域分析,以及数字滤波器设计、音频信号去噪等。

本书内容通俗易懂,使硬件实验和软件实验有机结合,可供高等院校电子及相关专业的师生阅读参考。

图书在版编目(CIP)数据

信号与系统实验/张钰,吕伟锋,董晓聪主编.—北京:科学出版社,2012.3
国家级电工电子实验教学示范中心实验教材系列
ISBN 978-7-03-033859-4

I.①信… Ⅱ.①张… ②吕… ③董… Ⅲ.①信号理论-高等学校-教材
②信号系统-实验-高等学校-教材　Ⅳ.①TN911.6-33

中国版本图书馆 CIP 数据核字(2012)第 044358 号

责任编辑:潘斯斯 / 责任校对:李　影
责任印制:张　伟 / 封面设计:陈　敬

科 学 出 版 社 出版
北京东黄城根北街 16 号
邮政编码:100717
http://www.sciencep.com

北京中石油彩色印刷有限责任公司 印刷
科学出版社发行　各地新华书店经销

*

2012 年 3 月第 一 版　开本:720×1000　1/16
2022 年 7 月第十次印刷　印张:8 3/4
字数:170 000

定价:**35.00元**
(如有印装质量问题,我社负责调换)

前　　言

随着计算机技术和电子技术的发展,对学生动手能力的要求越来越高。本书作为浙江省级精品课程"信号与系统"理论课的延伸、国家级实验教学示范中心的立项教材,旨在从硬件和软件两个方面为本科生提供理论结合实际、提高动手动脑能力的实验指导。

本书主要分为硬件和软件两个方面,硬件内为第 1~10 章,软件内容为第 11~18 章。

其中硬件内容包括:第 1 章电信号的分解与合成,通过搭建硬件电路实现信号的傅里叶分解与合成;第 2 章系统响应的观测,观测一阶线性系统的零输入、零状态和完全响应;第 3 章时域采样与恢复,通过改变采样频率,观测恢复波形,理解信号无失真恢复条件;第 4 章无源低通、高通滤波器设计与特性测试,利用硬件搭建二阶无源低通、高通滤波器,测试输出信号幅度和相位,了解低通、高通滤波器的幅频特性和相频特性;第 5 章无源带通、带阻滤波器设计与特性测试,利用硬件搭建二阶无源带通和带阻滤波器,测试输出信号幅度和相位,了解带通、带阻滤波器的幅频特性和相频特性;第 6 章有源低通、高通滤波器设计与特性测试,利用硬件搭建有源电路,测试输出信号幅度和相位,了解低通、高通滤波器的幅频特性和相频特性;第 7 章有源带通、带阻滤波器设计与特性测试,利用硬件搭建有源电路,测试输出信号幅度和相位,了解带通、带阻滤波器的幅频特性和相频特性;第 8~10 章分别为状态轨迹的显示、基本运算单元电路实现和连续时间系统的模拟。

软件内容包括:第 11 章 MATLAB 在信号与系统中的基本使用,介绍了 MATLAB 软件使用和基本函数的调用;第 12 章连续时间系统的频域分析,使用 MATLAB 软件分析了连续时间系统傅里叶变换的幅频特性和相频特性;第 13 章连续时间系统的复频域分析,使用 MATLAB 软件对连续时间系统的拉普拉斯变换做仿真;第 14 章离散时间系统的时域分析,使用 MATLAB 软件对离散系统的零输入响应和零状态响应做仿真;第 15 章离散时间系统的 z 域分析,使用 MATLAB 软件对系统稳定性做判断;第 16 章 FIR 数字滤波器的设计,使用 MATLAB 软件对 FIR 滤波器的三种经典方法做仿真,理解 FIR 滤波器特性;第 17 章 IIR 数字滤波器的设计,介绍了使用 MATLAB 软件设计 IIR 数字滤波器的方法;第 18 章音频信号的噪声去除,使用 MATLAB 软件将音频信号中的噪声滤除。

本书编写过程中,得到了杭州电子科技大学国家级电工电子实验教学示范中心主任王光义教授的支持,在此表示感谢。同时,也感谢杭州电子科技大学电子信息学院教师的支持。张钰编写了本书第 11~18 章的内容,吕伟锋编写了第 1~4 章的内容,董晓聪编写了第 5~10 章的内容,全书由张钰完成统稿工作。

由于编者水平有限,书中难免存在不足之处,请读者多提高贵意见和建议。

作　者

2012 年 3 月于杭州

目　　录

第 1 章　电信号的分解与合成

1.1　实　验　目　的

通过实验观测周期方波和三角波信号的频谱成分,学习和掌握用傅里叶级数进行谐波分析的方法,加深对信号的傅里叶级数及傅里叶变换的认识和理解。

1.2　实验仪器设备元器件

实验所用仪器仪表如表 1-1 所示,由实验者自行概述各表的功能。

表 1-1　实验仪器及器件

仪器名称	型号或规格	数量	功能或备注
信号发生器		一台	
示波器		一台	
九孔方板		两块	
LF353 运放		一个	
运放座		一个	
电阻、电容、电感		若干	

1.3　实验原理及说明

1.3.1　电信号的傅里叶级数

任何电信号都是由特定频率、特定幅度和初相的正弦波叠加而成的。

对于周期信号,只要其满足狄里赫利条件,都可将其展开为三角形式的傅里叶级数

$$f(t) = a_0 + a_1\cos\omega_0 t + a_2\cos2\omega_0 t + \cdots + a_n\cos n\omega_0 t + \cdots + b_1\sin\omega_0 t + b_2\sin2\omega_0 t$$
$$+ \cdots + b_n\sin n\omega_0 t + \cdots$$
$$= a_0 + \sum_{n=1}^{\infty}(a_n\cos n\omega_0 t + b_n\sin n\omega_0 t)$$

式中,T 为该信号的周期;ω_0 为该信号的基波频率。

$$a_0 = \frac{1}{T} \int_{t_0}^{t_0+T} f(t) \mathrm{d}t$$

$$a_n = \frac{2}{T} \int_{t_0}^{t_0+T} f(t) \cos n\omega_0 t \mathrm{d}t$$

$$b_n = \frac{2}{T} \int_{t_0}^{t_0+T} f(t) \sin n\omega_0 t \mathrm{d}t$$

对于非周期信号(要求在无限区间内满足绝对可积条件),由于其周期 T 趋于无穷大,则谱线的间隔趋于无限小,其频谱包含了从零到无穷大的所有频率成分,而其每一频率分量的幅值趋向无穷小,但其相对大小(频谱密度)却是有限值且各不相同

$$f(t) = \frac{1}{2\pi} \int_{-\infty}^{\infty} F(\mathrm{j}\omega) \mathrm{e}^{\mathrm{j}\omega t} \mathrm{d}\omega, \quad F(\mathrm{j}\omega) = \int_{-\infty}^{\infty} f(t) \mathrm{e}^{-\mathrm{j}\omega t} \mathrm{d}t$$

式中,$F(\mathrm{j}\omega)$ 是表征非周期信号各频率分量的频谱(密度)函数。

由于不同性质的电信号,其三角形式或指数形式的傅里叶级数具有不同的展开项。因此在实验前应对分解的电信号的傅里叶级数有所认识。

本实验仅对周期信号的各频率分量进行观察、比较和分析。

1.3.2　电信号频谱分量的观测

对于周期电信号可通过一个选频网络将该信号所包含的各个频率成分提取出来。本实验采用的选频网络是最简单的一种,即 LC 谐振回路。对周期电信号波形进行分解的实验电路如图 1-1 所示。

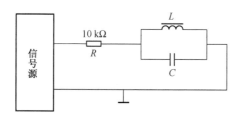

图 1-1　波形分解

被测的电信号被加到谐振频率分别为基波和各次谐波的并联谐振回路中。从不同的谐振回路两端用示波器可观察到相应的谐波分量波形。若被测信号是 2kHz 的方波,由傅里叶级数展开式可知,应使 LC 分别谐振于 2kHz、6kHz、10kHz、…,那么,从各 LC 谐振回路两端即可观测到基波和各次谐波,且各次谐波的幅值比为 $1:\dfrac{1}{3}:\dfrac{1}{5}\cdots$

方波波形的合成实验电路如图 1-2 所示。电信号通过选频网络(电路接法和图 1-1 有变化),$L_1 C_1$ 谐振于 2kHz,产生波形合成所需的基波;$L_3 C_3$ 谐振于 6kHz,产

生波形合成所需的 3 次谐波；L_5C_5 谐振于 10kHz，产生波形合成所需的 5 次谐波。电阻 R_1、R_2、R_3 通过变换其电阻值，可调整其幅度，使其各次谐波的幅度分别为基波的 $1/3$、$1/5$。波形的合成最终由加法器来完成。

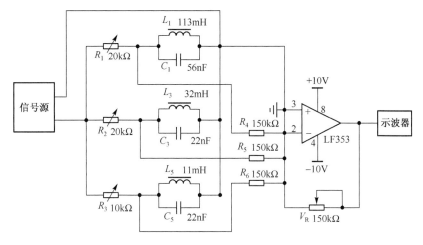

图 1-2　波形的合成

若在实验电路的 R_5 与运算放大器反相端之间串一个 1000pF 电容，它使 3 次谐波的初相发生变化，合成的波形跟着发生了变化，这种由于谐波相位变化而使合成波形产生的失真称为"相位失真"；如移去 R_5，合成的波形中将缺少了一种频率成分，合成的波形也发生了变化，这种由于缺少某种谐波而使合成波形产生的失真称为"频率失真"。

实验中为选出方波的基波、3 次谐波、5 次谐波，选频电路的 L_1C_1 应谐振于 2kHz、L_3C_3 谐振于 6kHz、L_5C_5 谐振于 10kHz。选择的各器件参数如表 1-2 所示。

表 1-2　选频电路器件参数

C	L	f_0	线圈
56nF	113.1mH	2000.9Hz	1500 圈 + 硅钢芯
22nF	32.1mH	5992.1Hz	1000 圈 + 硅钢芯
22nF	11.6mH	9967.8Hz	500 圈 + 硅钢芯

电容可选用与以上参数值相近的器件，电感的值可通过调节内插的硅钢芯的插入深度来改变电感值，使最终获得满意的波形。

实际获得的波形基波较接近理想值，3 次和 5 次谐波的波形与理想值有一些变化，主要是有不等幅现象（正弦波的幅值大小不断变化），越是高次谐波越严重。提高谐振 Q 值能减少这种现象。

1.4　实验内容及步骤

1.4.1　波形的分解

　　按照图 1-1 所示选择适当器件,在九孔方板上搭接实验电路。调节函数信号发生器,使其输出电压峰峰值为 2V、频率为 2kHz 的方波信号。

　　(1)调节 LC 并联谐振回路的电感值,使电路谐振于 2kHz(此时波形幅值应为最大),用示波器观测基波波形,测量此信号的幅值,记入表 1-3。

　　(2)调节 LC 并联谐振回路的电感值使电路谐振于 6kHz,用示波器观测 3 次谐波波形,测量此谐波分量的幅值并记入表 1-3。

　　(3)调节 LC 并联谐振回路的电感值使电路谐振于 10kHz,用示波器观测 5 次谐波波形,测量此谐波分量的幅值并记入表 1-3。

表 1-3　各次谐波测量幅值及波形

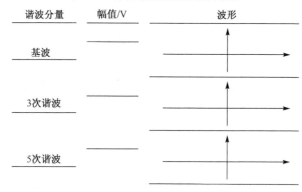

1.4.2　波形的合成

　　(1)按照图 1-2 在九孔方板(2 块)上排好器件,将 LF353 运放正确装入集成块插座(注:LF353 需双电源 ±10V 供电,由实验台上的直流电压源提供)。

　　(2)调节函数信号发生器,使其输出峰峰值为 2V、频率为 2kHz 的方波信号。

　　(3)用示波器观测选频电路 L_1C_1 两端波形,调节电感值使其谐振于 2kHz。

　　(4)用示波器观测 L_3C_3 两端波形,调节电感值使其谐振于 6kHz。

　　(5)用示波器观测 L_5C_5 两端波形,调节电感值使其谐振于 10kHz。

　　(6)调节电位器 R_1、R_2、R_3 的大小,使基波、3 次、5 次谐波的幅度比为 $1:\dfrac{1}{3}:\dfrac{1}{5}$。用示波器观察并记录加法器输出端的波形。

　　(7)在 R_5 和运放反相端间串一个 1000pF 电容,观察并记录"相位失真"。

　　(8)拔去电阻 R_5,观察并记录"频率失真"。

1.5　实验注意事项

1.在使用函数信号发生器时,要注意信号引出端的位置是否正确、输出信号类型是否正确、波形幅值是否正确。

2.运放 LF353 插入集成块插座的方向必须正确,运放的缺口方向和插座的缺口方向一致。加在运放上的±10V 电源的极性必须正确,否则容易将运放烧毁。

1.6　实　验　预　习

充分预习方波、三角波周期信号傅里叶级数各频谱分量的频率成分及其幅值的大小关系。

1.7　实　验　总　结

1.整理实验数据:基波及各次谐波的频率、幅度、相位。

2.用方格纸,在同一坐标系下绘制方波及其基波和各次谐波的波形(频率和幅度应按比例关系画出),绘制由这三个谐波分量合成的波形并与理论值比较分析。

3.由实验观察的现象和实验后对波形的整理、合成情况讨论电信号的波形特点、电信号的波形特性与其傅里叶级数的关系。

4.试分析观察到的三次、五次谐波为什么会出现与理论值不等幅现象?

5.若要观察三角波的分解与合成,实验电路应如何设计?

6.实验总结和体会。

第 2 章 系统响应的观测

2.1 实 验 目 的

1. 研究一阶线性时不变系统的零输入响应、零状态响应和完全响应。
2. 研究线性系统的线性特性。
3. 研究线性系统的阶跃响应和冲激响应。

2.2 实验仪器设备元器件

实验所用仪器仪表如表 2-1 所示,由实验者自行概述各表的功能。

表 2-1 实验仪器及器件

仪器名称	型号或规格	数量	功能或备注
信号发生器		一台	
示波器		一台	
直流稳压电源		一台	
九孔方板		一块	
电阻		若干	510Ω、10kΩ(3 个)、1kΩ、1.2kΩ、5.1kΩ
电容		若干	0.01μF、0.047μF、0.15μF、0.47μF、1000μF

2.3 实验原理及说明

1. 系统的时域分析

通过建立系统的时域数学模型——线性常系数微分方程来描述激励 $e(t)$ 与响应 $r(t)$ 之间的关系。由于不需进行任何变换,对系统的分析和计算全部在时间变量域中进行,通过直接求解系统的微积分方程而得,所以方法简单直观,物理概念清楚,是一种常用的系统分析方法。

2. 系统的响应

在时域分析方法中,系统的零输入响应和零状态响应是两个非常重要的基本概念,是解决许多实际问题的关键。线性系统的完全响应可以分解为零输入响应和零状态响应。当系统的初始状态为零,而仅由系统的输入信号激励引起的响应,称为系统的"零状态响应"。当系统的输入(激励)为零,仅由系统的初始状态而引起的响应称为系统的"零输入响应"。系统的完全响应是由系统的初始状态和输入(激励)信号共同作用而引起的响应(输出)。

3.零输入响应

零输入响应仅取决于系统的结构及元件参数,而与所施加的激励无关,改变电路中元件参数可以改变其零输入响应。

4.零状态响应

零状态响应除了取决于系统的结构和元件参数外,还取决于系统的激励。

5.单位冲激响应

线性系统在零状态条件下,由单位冲激信号 $\delta(t)$ 引起的响应称为系统的单位冲激响应,记为 $h(t)$,可用它来描述一个线性系统。

6.单位阶跃响应

线性系统在零状态条件下,由单位阶跃信号 $u(t)$ 引起的响应称为单位阶跃响应,记为 $s(t)$。因为冲激函数 $\delta(t)$ 是单位阶跃函数 $u(t)$ 的导数,所以线性非时变系统的冲激响应 $h(t)$ 是阶跃响应 $s(t)$ 的导数,$h(t)$ 可以由 $s(t)$ 通过一个微分电路得到。

7.由常系数线性微分方程描述的系统线性表现

(1)响应的可分解性:完全响应＝零输入响应＋零状态响应。
(2)零状态线性:当起始状态为零时,系统的零状态响应对于各激励信号呈线性。
(3)零输入线性:当激励为零时,系统的零输入响应对于各起始状态呈线性。

8.系统的瞬态响应

系统的瞬态响应是一个十分短暂的变化过程,为了能对线性系统的响应进行观察和测量,对于时间常数较小的系统必须使系统的暂态响应过程能周期性重复出现,以便用示波器能观察到周期性重复的暂态过程。可用方波的上升沿代替阶跃信号,只要保证方波半个周期(平顶)持续时间远大于暂态过程(一般可取大于 3～5 倍的时间常数),这样在第一个方波还未结束时,响应的暂态过程已结束。当方波周期性地激励一线性系统时,就可以观察到周期性的系统的阶跃响应波形。测量线性系统的冲激响应可用一个周期性极窄的脉冲序列 $P_\tau(t)$ 代替冲激信号,要保证窄脉冲重复周期远大于系统的冲激响应的暂态过程。

2.4　实验内容及步骤

2.4.1　观察一阶线性系统的零输入、零状态和完全响应

(1)按实验电路图 2-1 接线,用示波器观察系统 V_0(out)的变化规律,通过改变开关 K_1、K_2 的位置,分别观察系统的零输入、零状态和完全响应,记录 K_1、K_2 操作次序和观察到的光点移动轨迹,并绘制相应的零状态响应、零输入响应和完全响应的波形。

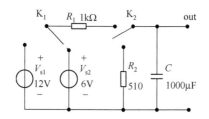

图 2-1　系统零输入响应及零状态响应

(2)线性时不变系统的线性特性研究。

将输入信号源 V_{s1} 或 V_{s2} 增加一倍或减小一倍,按步骤(1)重复一遍,记录观察到的零状态响应、零输入响应和完全响应,并与步骤(1)所观察的结果比较。

2.4.2　测量线性时不变系统的冲激响应和阶跃响应

按实验电路图 2-2 连线。

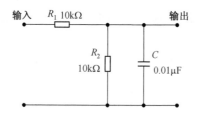

图 2-2　系统单位阶跃和冲激响应测试

(1)阶跃响应的研究。

调节函数信号发生器使之输出适当幅值、频率的对称方波,把它作为周期性出现的阶跃信号作用于实验电路输入端,用示波器观察系统的阶跃响应波形并记录如下:

方波:幅值 $V_{p\text{-}p}$=＿＿＿＿＿＿＿＿,f=＿＿＿＿＿＿＿＿。

阶跃响应波形：

（2）冲激响应的研究。

调节函数信号发生器使之输出适当幅度、频率的方波信号，把它输入图 2-3 所示的微分电路，获得正负相间的尖脉冲，近似作为冲激信号序列，作用于实验电路 2-2，用示波器观察系统的输出（响应）波形，并记录如下：

方波：幅值 $V_{p\text{-}p}=$＿＿＿＿＿＿＿，$f=$＿＿＿＿＿＿＿ 。

正负窄脉冲波形：

冲激响应波形：

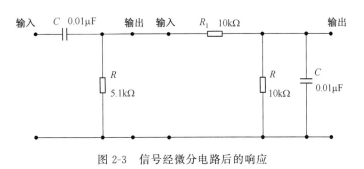

图 2-3　信号经微分电路后的响应

2.4.3　观察一阶线性系统中，时间常数对系统响应的影响

如图 2-4 所示连接电路，调节函数信号发生器使之输出幅度为 5V、频率为 500Hz 的对称方波，改变开关 K 的位置，用示波器分别观察电阻 R 和电容 C 两端的电压 V_R 和 V_C，并记录三种不同电容值观察到的波形。

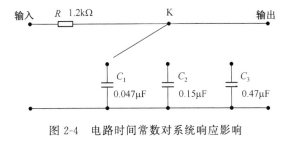

图 2-4　电路时间常数对系统响应影响

2.5　实验注意事项

1. 在观察系统的瞬态响应波形时,使用示波器的触发扫描。

2. 在观测系统的阶跃响应和冲激响应时,应合理选择方波信号的频率和占空比。

2.6　实　验　预　习

1. 充分预习有关仪器的使用方法。

2. 在实验内容(2.4.1 小节)中,为了能观察到系统的零输入响应、零状态响应和完全响应,开关 K_1、K_2 应如何操作?

3. 计算实验电路图 2-2 所示电路的单位阶跃响应 $u(t)$ 和单位冲激响应 $\delta(t)$。

4. 计算实验电路图 2-4 所示电路的时间常数及其对系统响应的影响。

2.7　实　验　总　结

1. 在方格纸上绘制实验内容(2.4.1 小节)所得到的各种响应的波形,验证完全响应、零输入响应、零状态响应三者之间关系。

2. 根据实验测试结果分析总结线性系统的线性性质。用实验结果说明:在非零初始状态下,系统的完全响应不具有线性性质。

3. 在同一方格纸上,画出实验内容(2.4.2 小节)所观察到的冲激响应和阶跃响应的波形,说明两者之间的关系。

4. 整理实验内容(2.4.3 小节)的观察结果,在同一方格纸上绘出激励方波及在三种不同参数时的响应波形(三个波形),并在所得的响应波形中求各电路实际的时间常数,并与计算得到的理论值相比较,说明时间常数的改变对系统响应的影响。

第 3 章　时域采样与恢复

3.1　实　验　目　的

1.了解时域模拟信号的采样方法和过程。

2.了解信号恢复的方法。

3.加深对采样定理的认识和理解。

3.2　实验仪器设备元器件

实验所用仪器仪表如表 3-1 所示,由实验者自行概述各表的功能。

表 3-1　实验仪器及器件

仪器名称	型号或规格	数量	功能或备注
信号发生器		一台	
示波器		一台	
直流稳压电源		两台	
九孔方板		一块	
采样门电路模块		一块	
低通滤波器模块		一块	可由分立元件构成

3.3　实验原理及说明

（1）所谓的"抽样"就是利用抽样脉冲序列 $p(t)$ 从连续时间信号 $f(t)$ 中"抽取"一系列的离散样值的过程,获得的这种离散信号称为"抽样信号"。抽样信号经量化、编码后就可变成数字信号。由于数字通信系统在信号的传输和处理等方面较模拟通信系统优越,所以在实际应用中,常将模拟信号 $f(t)$ 经离散时间信号如冲激序列、窄脉冲序列抽样后,再经量化编码变为数字信号,经过传输,最后经"抽样"的逆过程恢复为原连续信号。

（2）离散时间信号可以是按一定时间间隔输出的数的序列,也可以由连续时间信号经采样得到,抽样信号 $f_s(t)$ 可看成连续时间信号和一组周期性窄脉冲的乘积,即 $f_s(t) = f(t)p(t)$,其中 $p(t)$ 又称为采样脉冲序列,如图 3-1 所示,T_s 为采样周

期,其倒数 $f_s = 1/T_s$ 称为采样频率

$$F_s(j\omega) = \frac{1}{2\pi}F(j\omega) * P(j\omega) = \frac{1}{2\pi}F(j\omega) * \frac{2\pi\tau}{T_s}\sum_{n=-\infty}^{\infty}\mathrm{Sa}\left(\frac{n\omega_s\tau}{2}\right)\delta(\omega - n\omega_s)$$

$$= \frac{\tau}{T_s}\sum_{n=-\infty}^{\infty}\mathrm{Sa}\left(\frac{n\omega_s\tau}{2}\right)F\big(j(\omega - nj\omega_s)\big)$$

显然,抽样后的 $F_s(j\omega)$ 是原信号 $F(j\omega)$ 在频率上以 ω_s 为周期重复、幅度上以 $\mathrm{Sa}(n\omega_s\tau)$ 的变化规律衰减的结果。在 $F_s(j\omega)$ 的频谱中含有原连续时间信号的完整信息。

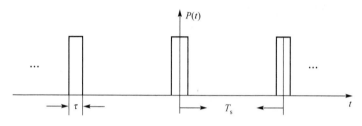

图 3-1 采样脉冲序列

因此,抽样信号在一定的条件下是可以恢复到原有信号的。只要用一截止频率等于原信号频谱中最高频率 f_s 的低通滤波器,滤掉该抽样信号频谱的高频分量,获得包含原有信号频谱全部信息的低频分量,即可在低通滤波器输出端恢复出原始信号波形(图 3-2)。

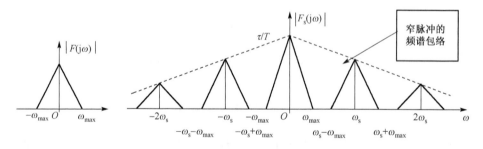

图 3-2 模拟信号及抽样信号频谱

(3)要从抽样信号中不失真地恢复出原来的连续时间信号,条件是采样信号频率 $f_s \geqslant 2f_{\max}$($f_{\max}$ 为原信号的最高频率成分)或 $f_s \geqslant 2B$(B 为原信号占有的频带宽度,$f_{\min} = 2B$ 为最低抽样频率),当 $f_s < 2f_{\max}$(或 $f_s < 2B$)时,抽样信号的频谱会发生混叠,从发生混叠的频谱中我们无法不失真地恢复原信号,图 3-3 画出了 $f_s > 2f_{\max}$ 和 $f_s < 2f_{\max}$ 两种情况下理想抽样信号的频谱。

本实验中选用 $f_s < 2f_{\max}$,$f_s = 2f_{\max}$,$f_s > 2f_{\max}$ 三种采样频率,通过对连续时间信号的采样和恢复来验证抽样定理。

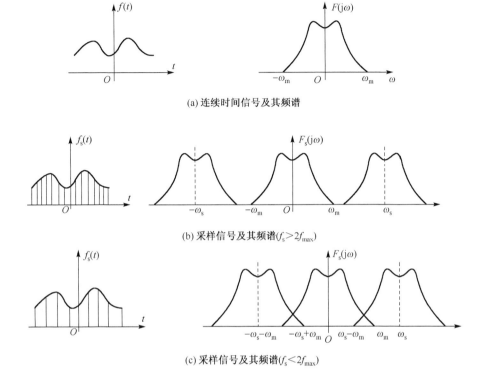

(a) 连续时间信号及其频谱

(b) 采样信号及其频谱($f_s > 2f_{max}$)

(c) 采样信号及其频谱($f_s < 2f_{max}$)

图 3-3　理想抽样信号频率

（4）为了实现对连续时间信号的抽样和恢复,本实验采用如图 3-4 所示的电路实现。除选用足够高的抽样频率外,常采用前置低通滤波器来防止原信号频谱过宽而造成抽样后信号频谱的混叠。但若实验选用的信号频谱较窄,则可不设前置低通滤波器。

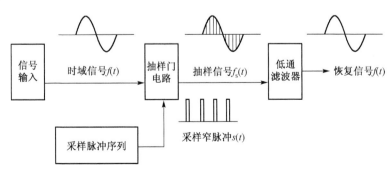

图 3-4　时域采样与恢复模块框图

3.4　实验内容及步骤

3.4.1　基本要求

按图 3-4 所示连接好采样器模块的各个部分。

(1) 调节函数信号发生器,使之输出 V_{p-p} 为 5V、频率为 50Hz 的方波信号 $f(t)$,将其输入到采样与恢复模块的信号输入端,调节模块的采样脉冲序列发生器的频率和占空比旋钮,观察抽样信号 $f_s(t)$ 的波形及经低通滤波器恢复后的输出信号波形 $f'(t)$。

(2) 选择合适的采样频率,分别满足 $f_s < 2f_{max}$,$f_s = 2f_{max}$,$f_s > 2f_{max}$ 三种情况,记录每种情况下 f_s 与 f_{max} 的倍数关系,观察并描绘连续时域信号 $f(t)$、抽样信号 $f_s(t)$、恢复后的信号 $f'(t)$ 的波形。找出该系统实际的最佳奈奎斯特频率 f_s。

*(3) 将函数信号发生器的输出依次变为正弦波和三角波,保持其幅度不变,频率分别为 15Hz、100Hz,重复上述的实验,分析引起信号采样和恢复失真的原因。

3.4.2　设计性要求

(1) 根据时域采样定理,选择适当的采样窄脉冲频率,能对 20Hz 的方波信号进行采样和重建,测试并观察出现混叠、没有混叠两种状态下的原时域信号、采样窄脉冲信号、恢复重建后的信号波形等。

(2) 根据频域采样定理,设计一个低通滤波器,以恢复、还原经 2kHz 窄脉冲(占空比为 1:10)采样的 30Hz 三角波波形。

(3) 要求设计合理的实验测试方案,选择适当的仪器仪表,自拟实验数据记录表格,观察并测试各种信号波形,记录波形参数等。

*(4) 设计合理的采样、恢复实验电路,仿真实现对 20Hz、30Hz、50Hz、100Hz 等方波、三角波的采样、恢复过程,观察并记录仿真结果。

3.5　实验注意事项

1. 本实验采用的采样和恢复模块的各个组成部分均采用有源器件构成,且均工作在双电源供电状态下,所以必须由双路直流稳压电源经串联后得到 ±9V 电压为模块供电。正负电源的接法如图 3-5 所示。

2. 采样器模块中的采样脉冲序列发生器可提供高、低两段频率信号,且可通过调整占空比旋钮来改变采样脉冲信号的形状。

3. 模块中低通滤波器的放大倍数可由其 V_{p-p} 旋钮调整,若恢复信号出现截顶失真,可通过减小此旋钮放大倍数来改善。

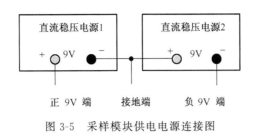

图 3-5 采样模块供电电源连接图

3.6 实 验 预 习

1. 预习有关抽样定理的相关理论知识。

2. 若连续时间信号 $f(t)$ 为 50 Hz 的正弦波,采样脉冲信号为 $f_s=2$ kHz 的窄脉冲序列,试求抽样后的信号 $f_s(t)$ 的频谱 $F_s(\mathrm{j}\omega)$。设计一个二阶 RC 无源低通滤波器,截止频率为 5 kHz,取 $R=5$ kΩ。

3. 若连续时间信号取频率为 200～300 Hz 的方波和三角波,计算其有效的频带宽度。该信号经频率为 f_s 的周期脉冲抽样后,若希望通过低通滤波器的信号失真较小,则抽样频率和低通滤波器的截止频率应取多大? 试设计一满足上述要求的低通滤波器。

3.7 实 验 总 结

1. 整理实验中记录的数据和波形。

2. 绘出各种情况下连续时域信号 $f(t)$、抽样信号 $f_s(t)$ 和复原信号 $f'(t)$ 的波形,讨论抽样定理实现的情况。

3. 实验调试中的体会。

第4章 无源低通、高通滤波器设计与特性测试

4.1 实 验 目 的

1. 了解无源低通和高通滤波器的基本结构、特点,比较理想滤波器与实际滤波器的差别。

2. 测试无源 RC 低通滤波器及无源 RC 高通滤波器的频率特性。

4.2 实验仪器设备元器件

实验所用仪器仪表如表 4-1 所示,由实验者自行概述各表的功能。

表 4-1 实验仪器及器件

仪器名称	型号或规格	数量	功能或备注
函数信号发生器		一台	
双踪示波器		一台	
数字万用表		一台	
九孔方板		一块	
电阻	1kΩ	2个	
电容	0.01μF	2个	

4.3 实验原理及说明

4.3.1 定义

滤波器是一种对输入信号的频率具有选择性的二端口网络,它允许某些频率(通常是某个频带范围)的信号通过,而其他频率的信号受到衰减或抑制。这些网络可以由 R、L、C 元件或 R、C 无源元件组成(这类滤波器称为无源滤波器)。也可由无源元件和运算放大器等有源器件共同组成(这类滤波器称为有源滤波器)。

4.3.2 分类

根据幅频特性所表示出的通过或阻止信号频率范围的不同,滤波器可分为低通

滤波器(LPF)、高通滤波器(HPF)、带通滤波器(BPF)和带阻滤波器(BEF)四种。我们把允许通过的信号频率范围定义为通带,把阻止或衰减信号的频率范围定义为阻带。而把通带与阻带分界点的频率称为截止频率或转折频率。

4.3.3　幅频特性

各种理想滤波器的幅频特性如图 4-1 所示,其中 $A(f)$ 为通带的电压放大倍数、f_c 称为截止频率,f_0 为中心频率,f_{CL}、f_{CH} 分别称为低端和高端截止频率。

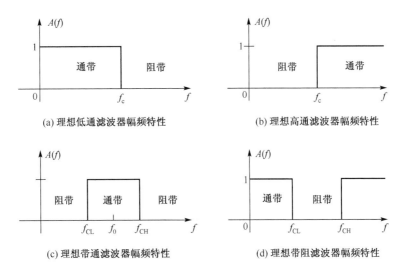

(a) 理想低通滤波器幅频特性　　　　(b) 理想高通滤波器幅频特性

(c) 理想带通滤波器幅频特性　　　　(d) 理想带阻滤波器幅频特性

图 4-1　理想滤波器幅频特性曲线

4.3.4　*RC* 无源低通滤波器频率特性

二阶 *RC* 无源低通滤波器电路(LPF)如图 4-2(a)所示。

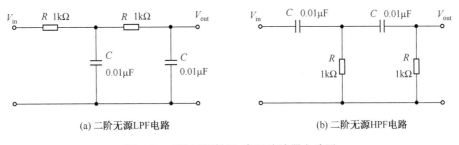

(a) 二阶无源LPF电路　　　　　　　(b) 二阶无源HPF电路

图 4-2　二阶无源低通、高通滤波器电路图

其幅频特性和相频特性如图 4-3 (a)、(b)所示。

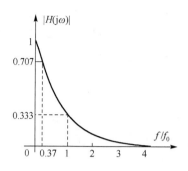　　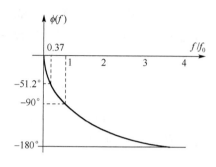

(a) 二阶无源低通滤波器幅频特性曲线　　　(b) 二阶无源低通滤波器相频特性曲线

图 4-3　二阶无源 LPF 的频率特性

由图 4-2(a)可得无源低通滤波器的系统函数为

$$H(j\omega) = \frac{V_0(j\omega)}{V_1(j\omega)} = \frac{1}{(1 - \omega^2 R^2 C^2 + j3\omega RC)}$$

其幅频特性为

$$|H(j\omega)| = \frac{1}{\sqrt{(1 - \omega^2 R^2 C^2)^2 + (3\omega RC)^2}} = \frac{1}{\sqrt{(1 - \omega^2/\omega_0^2)^2 + (3\omega/\omega_0)^2}}$$

式中，$\omega_0 = \dfrac{1}{RC}$ 为特征频率。

从上式中可以得到：

(1)当 $\omega \ll \omega_0$ 时，$|H(j\omega)| \approx 1$；

(2)当 $\omega \gg \omega_0$ 时，$|H(j\omega)| \approx 0$；

(3)当 $\omega = \omega_0$ 时，$|H(j\omega)| = 1/3$；

(4)令 $|H(j\omega)| = 1/\sqrt{2}$，可求得 $\omega_c = 0.37\omega_0$，其中 ω_c 为截止频率。

其相频特性为

$$\varphi(\omega) = \begin{cases} -\arctan\left[\dfrac{3(\omega/\omega_0)}{1 - (\omega/\omega_0)^2}\right], & \omega < \omega_0 \\[3mm] -\pi - \arctan\left[\dfrac{3(\omega/\omega_0)}{1 - (\omega/\omega_0)^2}\right], & \omega > \omega_0 \end{cases}$$

在 $\omega/\omega_0 = 0.37$ 时，$\varphi(\omega) = -52.1°$。

由以上分析可知二阶无源 RC 低通滤波器特性与理想 LPF 特性有很大差别。

4.3.5　RC 无源高通滤波器特性

二阶无源 RC 高通滤波器的电路如图 4-2(b)所示。其幅频特性、相频特性要求请自行推导。

4.4　实验内容及步骤

4.4.1　基本要求

1. RC 无源低通滤波器幅频特性、相频特性测试

用同轴电缆线将函数信号发生器的输出信号送入 RC 无源低通滤波器输入端。调节函数信号发生器使之输出幅值为 $V_i=1V$ 的正弦波（对正弦信号不加说明则幅值是指有效值，并注意时刻保持该电压恒定，下同），在 $0\sim10f_0$ 范围内调节输出正弦波信号频率，合理选择 20 个以上不同的频率点，用仪表测量此时低通滤波器输出电压的幅值 V_0，并用双踪示波器测出在各频率点处输出 V_0 相对于 V_i 的相移，并记录测量数据至表 4-2 中。

表 4-2　无源低通滤波器测量数据

测量条件 $V_i=1V$ 正弦波（选 20 个以上测试频率）							
输入 V_i 的频率 f/Hz							
输出 V_0 的幅值/V							
输出 V_0 相位/(°)							
测量条件 $V_i=1V$ 正弦波（选 20 个以上测试频率）							
输入 V_i 的频率 f/Hz							
输出 V_0 的幅值/V							
输出 V_0 相位/(°)							

2. RC 无源高通滤波器幅频特性、相频特性测试

用同轴电缆线将函数信号发生器的输出信号送入 RC 无源高通滤波器输入端。调节函数信号发生器使之输出幅值为 $V_i=1V$ 的正弦波，在 $0\sim10f_0$ 范围内调节输出正弦波信号频率，合理选择 20 个以上不同的频率点，用仪表测量此时高通滤波器输出电压的有效值 V_0，并用双踪示波器测出在各频率点处输出 V_0 相对于 V_i 的相移，并记录测量数据至表 4-3 中。

表 4-3　无源高通滤波器测量数据

测量条件 $V_i=1V$ 正弦波（20 个以上测试频率）							
输入 V_i 的频率 f/Hz							
输出 V_0 的幅值/V							
输出 V_0 相位/(°)							
测量条件 $V_i=1V$ 正弦波（20 个以上测试频率）							
输入 V_i 的频率 f/Hz							
输出 V_0 的幅值/V							
输出 V_0 相位/(°)							

4.4.2　设计性要求

(1)设计一个能让 0～5kHz 正弦信号通过的无源低通滤波器,自行设计实验电路、选择适当器件参数和测试仪表、自拟实验数据记录表格、确定实验测试方案,仿真并测量该滤波器的频率特性。

(2)设计一个能让 20kHz 正弦信号通过的无源高通滤波器,自行设计实验电路、选择适当器件参数和测试仪表、自拟实验数据记录表格、确定实验测试方案,仿真并测量该滤波器的频率特性。

*(3)设计一个能让 50Hz 三角波信号通过的无源低通滤波器,自行设计实验电路、选择适当器件参数和测试仪表、自拟实验数据记录表格、确定实验测试方案,仿真并测量该滤波器的频率特性。

*(4)用 Multisim 软件仿真的方式验证设计电路幅频和相频特性。

4.5　实验注意事项

1.在测量时,注意输入、输出信号必须共地。

2.在实验测量过程中,必须始终保持正弦波信号的输出(即滤波器的输入)电压 V_i 不变。

3.用示波器测量时,必须将示波器的"地"与信号源的"地"始终可靠地连接。

4.6　实 验 预 习

1.仿照二阶无源低通滤波器的分析方法,分析二阶无源高通滤波器的频率特性。

2.计算图 4-2(a)所示的 RC 无源低通滤波器的截止频率 f_c 和特征频率 f_0 的值。

3.计算图 4-2(b)所示的 RC 无源高通滤波器的截止频率 f_c 和特征频率 f_0 的值。

4.7　实 验 总 结

1.整理各项实验数据,绘制各滤波器的幅频特性曲线和相频特性曲线。

2.由幅频特性曲线找出各种低通、高通滤波器的截止频率 f_c,并与理论值比较。

3.根据实验数据和绘制的频率特性曲线图分析无源低通、高通滤波器的性能特点。

4.心得体会。

第5章 无源带通、带阻滤波器设计与特性测试

5.1 实 验 目 的

1. 了解无源带通和带阻滤波器的基本电路结构及特点,比较其与理想频率特性的差异。

2. 测试无源带通和带阻滤波器的频率特性。

5.2 实验仪器设备元器件

实验所用仪器仪表如表 5-1 所示,由实验者自行概述各表的功能。

表 5-1 实验仪器及器件

仪器名称	型号或规格	数量	功能或备注
函数信号发生器		一台	
双踪示波器		一台	
数字万用表		一台	
九孔方板		一块	
电阻	510Ω、$1k\Omega$	若干	
电容	$0.01\mu F$、$0.022F$	若干	

5.3 实验原理及说明

5.3.1 理想带通、带阻滤波器的频率特性

如图 4-1 所示。

5.3.2 无源带通滤波器电路及其频率特性

二阶无源带通滤波器电路图如图 5-1 所示。

由电路可计算滤波器的系统传递函数为

$$H(S) = \frac{V_o(S)}{V_i(S)} = \frac{SC_1R_2}{1 + S(R_1C_1 + R_2C_2 + C_1R_2) + S^2R_1R_2C_1C_2}$$

式中,$S = j\omega$。

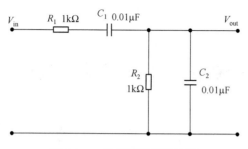

图 5-1　二阶无源带通滤波器

系统的频率响应为

$$H(j\omega) = \frac{j\omega C_1 R_2}{1 - \omega^2 R_1 R_2 C_1 C_2 + j\omega(R_1 C_1 + R_2 C_2 + C_1 R_2)}$$

因此其幅频特性为

$$\mid H(j\omega) \mid = \frac{\omega C_1 R_2}{\sqrt{(1 - \omega^2 R_1 R_2 C_1 C_2)^2 + \omega^2 (R_1 C_1 + R_2 C_2 + C_1 R_2)^2}}$$

若取 $R_1 = R_2 = R, C_1 = C_2 = C, \omega_0 = \dfrac{1}{RC}$，则

$$\mid H(j\omega) \mid = \frac{\omega C R}{\sqrt{(1 - \omega^2 R^2 C^2)^2 + 9\omega^2 R^2 C^2}} = \frac{\omega/\omega_0}{\sqrt{[1 - (\omega/\omega_0)^2]^2 + 9 (\omega/\omega_0)^2}}$$

因此可知：

(1)若令 $\dfrac{\mathrm{d} \mid H(j\omega) \mid}{\mathrm{d}\omega} = 0$，可求得当 $\dfrac{\omega}{\omega_0} = 1$ 时，$\mid H(j\omega) \mid$ 达到了最大值为 $1/3$。

(2)当 $\omega = 0$ 时，$H(j0) = 0$。

(3)当 $\omega \to \infty$ 时

$$\mid H(j\omega) \mid = \frac{\omega/\omega_0}{\sqrt{1 + 7 (\omega/\omega_0)^2 + (\omega/\omega_0)^4}} \approx \frac{\omega/\omega_0}{(\omega/\omega_0)^2} \to 0$$

可见其幅频特性呈带通特性。

(4)令 $\mid H(j\omega) \mid = 0.707 \mid H(j\omega_0) \mid$ 时的频率为 ω_c，求解

$$\frac{\omega/\omega_0}{\sqrt{1 + 7 (\omega/\omega_0)^2 + (\omega/\omega_0)^4}} = 0.707 \times \frac{1}{3}$$

得到 $\dfrac{\omega_{CH}}{\omega_0} = 3.3028, \dfrac{\omega_{CL}}{\omega_0} = 0.3028$，中心频率为 $\omega_0' = \dfrac{\omega_{CH} + \omega_{CL}}{2} = 1.8\omega_0$。

其相频特性为

$$\varphi(\omega) = \arctan\left[\frac{1 - (\omega/\omega_0)^2}{3(\omega/\omega_0)}\right]$$

该二阶无源带通滤波器的幅频特性、相频特性如图 5-2 所示。

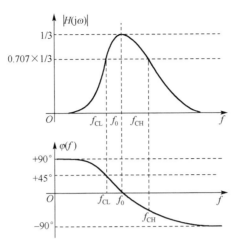

图 5-2　二阶无源带通频率特性

5.3.3　无源带阻滤波器电路及其频率特性

无源带阻滤波器电路如图 5-3 所示。

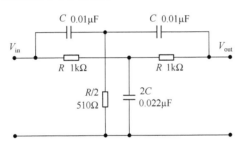

图 5-3　双 T 型无源带阻滤波器电路

它的传递函数为

$$H(s) = \frac{V_{\mathrm{o}}}{V_{\mathrm{s}}} = \frac{1 + (RSC)^2}{1 + (RSC)^2 + 4RSC} = \frac{1}{1 + \dfrac{4RSC}{1 + (RSC)^2}}$$

系统的频率响应函数为

$$H(\mathrm{j}\omega) = \frac{1}{1 + \mathrm{j}\dfrac{4\omega RC}{1 - (\omega RC)^2}}$$

其幅频特性为

$$|H(\mathrm{j}\omega)| = \frac{1}{\sqrt{1 + \left(\dfrac{4\omega RC}{1 - (\omega RC)^2}\right)^2}} = \frac{1 - (\omega RC)^2}{\sqrt{[1 - (\omega RC)^2]^2 + (4\omega RC)^2}}$$

$$= \frac{1-(\omega/\omega_0)^2}{\sqrt{[1-(\omega/\omega_0)^2]^2+(4\omega/\omega_0)^2}}$$

（1）当 $\omega=\omega_0=1/RC$ 时，$|H(j\omega_0)|=0$，称 $\omega=\omega_0$ 为 $H(j\omega)$ 的零点（即频率为 ω_0 的信号经过带阻网络时将被衰减为零）。

（2）当 $\omega\ll\omega_0$ 时，$|H(j\omega)|=1$。

（3）当 $\omega\gg\omega_0$ 时，$|H(j\omega)|=1$。

（4）当 $|H(j\omega)|=0.707$ 时，$\omega_{CL}=0.236\omega_0$，$\omega_{CH}=4.23\omega_0$，所以从 $\omega_{CL}\sim\omega_{CH}$ 为阻带，$B_\omega=\omega_{CH}-\omega_{CL}$ 称为阻带带宽（图 5-4）。

当 $\omega<\omega_0$ 特性取决于低通电路；

当 $\omega>\omega_0$ 特性取决于高通电路；

当 $\omega=\omega_0$ 无输出（输出为零）。

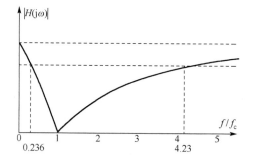

图 5-4　双 T 型阻带网络的幅频特性

系统的相频特性可由 $H(j\omega)$ 得到

$$\tan\varphi(\omega)=-\frac{4(\omega/\omega_0)}{1-(\omega/\omega_0)^2}$$

其相频特性曲线如图 5-5 所示。

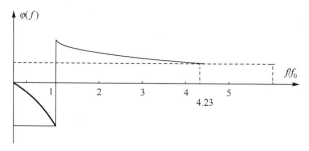

图 5-5　双 T 型阻带网络的幅频特性

5.4　实　验　内　容

5.4.1　基本要求

1. 无源带通滤波器幅频特性、相频特性* 测试

用同轴电缆线将函数信号发生器的输出端接到图 5-1 所示电路的输入端,使信号源输出幅值为 $V_i=1V$ 的正弦信号,在整个特性测试过程中,保持该电压恒定,调节输出信号的频率,测量滤波器在不同频率(要求测量 20 个以上频点)正弦波激励下的输出信号 V_o 的幅度、相位,并记录至表 5-2 中。

表 5-2　无源带通滤波器测量数据

测量条件 $V_i=1V$ 正弦波(20 个以上测试频率)							
输入 V_i 的频率 f/Hz							
输出 V_o 的幅值/V							
输出 V_o 相位/(°)							
测量条件 $V_i=1V$ 正弦波(20 个以上测试频率)							
输入 V_i 的频率 f/Hz							
输出 V_o 的幅值/V							
输出 V_o 相位/(°)							

2. 无源带阻滤波器幅频特性、相频特性* 测试

将函数信号发生器的输出端接到图 5-3 所示电路的输入端,使信号源输出幅值为 $V_i=1V$ 的正弦信号。调节输出信号的频率,测量输入信号在不同频率(要求测量 20 个以上频点)时,滤波器的输出信号 V_o 的幅度、相位,并记录至表 5-3 中。

表 5-3　无源带阻滤波器频率特性测试

测量条件 $V_i=1V$ 正弦波(20 个以上测试频率)							
输入 V_i 的频率 f/Hz							
输出 V_o 的幅值/V							
输出 V_o 相位/(°)							
测量条件 $V_i=1V$ 正弦波(20 个以上测试频率)							
输入 V_i 的频率 f/Hz							
输出 V_o 的幅值/V							
输出 V_o 相位/(°)							

5.4.2　设计性要求

(1)设计一个能让 4～20kHz 正弦波信号通过、放大倍数为 1/3 的无源带通滤波器,自行设计实验电路、选择适当器件参数和测试仪表、自拟实验数据记录表格、确定实验测试方案,仿真并测量该滤波器的频率特性。

（2）设计一个能阻止 $800\text{Hz}\sim15\text{kHz}$ 正弦波信号通过的无源带阻滤波器，自行设计实验电路、选择适当器件参数和测试仪表、自拟实验数据记录表格、确定实验测试方案，仿真并测量该滤波器的频率特性。

*（3）设计一个能阻止 1kHz 方波信号的基波和三次谐波通过的带阻滤波器，自行设计实验电路、选择适当器件参数和测试仪表、自拟实验数据记录表格、确定实验测试方案，仿真并测量该滤波器的频率特性。

*（4）用 Multisim 软件仿真的方式验证设计电路幅频和相频特性。

5.5　实验注意事项

1. 在测量时，注意输入、输出信号必须共地。

2. 在实验测量过程中，必须始终保持正弦波信号的输出（即滤波器的输入）电压 V_i 不变。

3. 用示波器测量时，必须将示波器的"地"与信号源的"地"始终可靠连接。

5.6　实　验　预　习

1. 计算图 5-1 所示带通滤波器的截止频率 f_{CH}、f_{CL} 及其中心频率 f_0'，特征频率 f_0，计算在这些频率上的相位 $\varphi(f_{CH})$、$\varphi(f_{CL})$、$\varphi(f_0')$ 和 $\varphi(f_0)$。

2. 推导图 5-3 所示无源带阻滤波器的传输函数 $H(j\omega)$。计算无源带阻滤波器的 f_{CH}、f_{CL} 及阻带的带宽。

5.7　实　验　总　结

1. 整理各项实验数据，绘制各滤波器的幅频特性和相频特性曲线。

2. 从绘制的带通、带阻特性曲线找出各自的截止频率 f_{CH}、f_{CL}，与理论计算值比较，并进行必要的误差分析。

3. 总结无源带通、带阻滤波器的性能特性。

4. 心得体会。

第6章　有源低通、高通滤波器设计与特性测试

6.1　实　验　目　的

1.了解有源低通和高通滤波器的基本结构、特点,比较理想滤波器与实际滤波器的差别。

2.测试有源 RC 低通及高通滤波器的频率特性。

3.用对比法研究无源 RC 低通滤波及有源 RC 低通滤波器的频率特性。

4.用对比法研究无源 RC 高通滤波及有源 RC 高通滤波器的频率特性。

6.2　实验仪器设备元器件

实验所用仪器仪表如表 6-1 所示,由实验者自行概述各表的功能。

表 6-1　实验仪器及器件

仪器名称	型号或规格	数量	功能或备注
函数信号发生器		一台	
双踪示波器		一台	
直流稳压电源		一台	
数字万用表		一台	
九孔方板		一块	
集成运放	uA741	一块	
电阻	1kΩ、10kΩ	各 2 个	
电位器	47kΩ	1 只	
电容	$0.01\mu F$	2 个	

6.3　实验原理及说明

6.3.1　二阶 RC 有源低通滤波器的电路

由图 6-1 可知

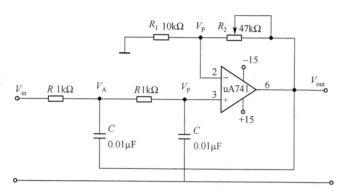

图 6-1　有源二阶 RC 低通滤波器电路图

$$\frac{V_i - V_A}{R} = \frac{V_A - V_0}{1/j\omega C} + \frac{V_A - V_P}{R}$$

$$\frac{V_A - V_P}{R} = \frac{V_P}{1/j\omega C}$$

$$V_0 = KV_P, \qquad K = 1 + R_2/R_1$$

由此可得有源低通滤波器的系统函数为

$$H(j\omega) = \frac{V_0(j\omega)}{V_i(j\omega)} = \frac{K}{1 - (\omega RC)^2 + j(3 - K)\omega RC}$$

令 $\omega_0 = 1/RC$（ω_0 为特征频率）

$$H(j\omega) = \frac{K}{1 - (\omega/\omega_0)^2 + j(3 - K)(\omega/\omega_0)}$$

则其幅频特性为

$$|H(j\omega)| = \frac{K}{\sqrt{(1 - \omega^2/\omega_0^2)^2 + (3 - K)^2 (\omega/\omega_0)^2}}$$

当 $K=1$，

（1）$\omega = 0$ 时，$|H(j\omega)| = 1$。

（2）$\omega \gg \omega_0$ 时，$|H(j\omega)| \approx 0$。

（3）$\omega = \omega_0$ 时，$|H(j\omega)| = 0.5$。

（4）当 $|H(j\omega)| = 1/\sqrt{2} = 0.707$ 时，$\omega_c = 0.644\omega_0$。

图 6-2 所示为有源低通滤波器的幅频特性，图中虚线为无源低通滤波器的特性曲线。

其相频特性为

$$\phi(\omega) = \begin{cases} -\arctan\left[\dfrac{(3 - K)(\omega/\omega_0)}{1 - (\omega/\omega_0)^2}\right], & \omega < \omega_0 \\[3mm] -\pi - \arctan\left[\dfrac{(3 - K)(\omega/\omega_0)}{1 - (\omega/\omega_0)^2}\right], & \omega > \omega_0 \end{cases}$$

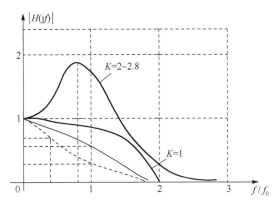

图 6-2　二阶有源低通滤波器幅频特性

6.3.2　二阶 *RC* 有源高通滤波器的频率特性

二阶有源高通滤波器的电路如图 6-3 所示。

其频率特性请自行推导和求解。

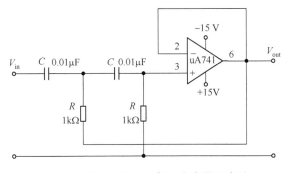

图 6-3　有源二阶 *RC* 高通滤波器电路图

6.4　实验内容及步骤

6.4.1　基本要求

1.*RC* 有源低通滤波器幅频和相频特性* 测试

用同轴电缆线将函数信号发生器输出端接到 *RC* 有源低通滤波器电路输入端，调节函数信号发生器，使之输出 $V_i = 1V$ 的正弦波，调节正弦信号的输出频率，合理选择 20 个以上频率点，测出滤波器在这些频率点处的输出电压 V_o，并用示波器测量各频率点处 V_o 相对于 V_i 的相移，记录测量数据至表 6-2 中。

表 6-2　**$K＝1$ 时有源低通滤波器测量数据**

测量条件 $V_i＝1V$ 正弦波（选 20 个以上测试频率）									
输入 V_i 的频率 f/Hz									
输出 V_o 的幅值/V									
输出 V_o 相位/(°)									
测量条件 $V_i＝1V$ 正弦波（选 20 个以上测试频率）									
输入 V_i 的频率 f/Hz									
输出 V_o 的幅值/V									
输出 V_o 相位/(°)									

2. RC 有源高通滤波器幅频和相频特性* 的测试

将函数信号发生器输出端接到 RC 有源低通滤波器输入端，调节函数信号发生器使之输出 $V_i＝1V$ 的正弦波，保持该电压恒定，调节信号源的正弦波输出频率，合理选择 20 个以上频率点，测出滤波器在这些频率点处的输出电压 V_o，并用示波器测量各频率点处输出 V_o 相对于 V_i 的相位，记录测量数据至表 6-3 中。

表 6-3　**$K＝1$ 时有源高通滤波器测量数据**

测量条件 $V_i＝1V$ 正弦波（选 20 个以上测试频率）									
输入 V_i 的频率 f/Hz									
输出 V_o 的幅值/V									
输出 V_o 相位/(°)									
测量条件 $V_i＝1V$ 正弦波（选 20 个以上测试频率）									
输入 V_i 的频率 f/Hz									
输出 V_o 的幅值/V									
输出 V_o 相位/(°)									

6.4.2　设计性要求

（1）设计一个能让 0～500Hz 正弦信号通过的有源低通滤波器，自行设计实验电路、选择适当器件参数和测试仪表、自拟实验数据记录表格、确定实验测试方案，仿真并测量该滤波器的频率特性。

（2）设计一个能让 5kHz 方波信号通过的有源高通滤波器，自行设计实验电路、选择适当器件参数和测试仪表、自拟实验数据记录表格、确定实验测试方案，仿真并测量该滤波器的频率特性。

*（3）设计一个能让 50kHz 方波信号通过的有源高通滤波器，自行设计实验电路、选择适当器件参数和测试仪表、自拟实验数据记录表格、确定实验测试方案，仿真并测量该滤波器的频率特性。

*（4）用 Multisim 软件仿真的方式验证设计电路幅频和相频特性。

6.5　实验注意事项

1.在测量时,应注意输入、输出信号必须共地。

2.在实验测量过程中,必须始终保持正弦波信号的输出(即滤波器的输入)电压 V_i 为 1V 不变(输入信号幅度不宜过大),使运算放大器工作在线性区,避免造成测量误差。

3.有源滤波器由 uA741 运算放大器及电阻电容等分立元件构成,而运算放大器正常工作需±15V电源供电,该正负电源的组成仪器和方法可参见图 3-5,接线时应注意极性。

4.在进行有源滤波器实验时,应注意输出端不可短路,以免损坏运算放大器。

5.用示波器测量时,必须将示波器的"地"与信号源的"地"始终可靠连接。

6.6　实　验　预　习

1.仿照有源低通滤波器的分析方法,分析二阶有源高通滤波器的频率特性。

2.计算图 6-1 所示 RC 有源低通滤波器的截止频率 f_c 和 K＝1 时的 $|H(jf_0)|$ 值。

3.计算图 6-3 所示的 RC 有源高通滤波器的截止频率 f_c 和 K＝1 时的 $|H(jf_0)|$ 值。

6.7　实　验　总　结

1.整理各项实验数据,绘制各滤波器的幅频特性曲线和相频特性曲线。

2.由幅频特性曲线找出低通、高通滤波器的截止频率 f_c,并与理论值比较。

3.将 RC 无源低通、RC 有源低通的测量特性与理想低通特性比较,说明了什么?

4.将 RC 无源高通、RC 有源高通的测量特性与理想高通特性比较,说明了什么?

5.总结 RC 有源低通、高通滤波器的性能特点。

6.心得体会。

第7章 有源带通、带阻滤波器设计与特性测试

7.1 实 验 目 的

1.了解有源带通、带阻滤波器的基本电路结构及其特点,比较其与理想频率特性的差异。

2.测试有源带通、带阻滤波器的频率特性。

3.比较无源、有源带通、带阻滤波器的频率特性。

7.2 实验仪器设备元器件

实验所用仪器仪表如表 7-1 所示,由实验者自行概述各表的功能。

表 7-1 实验仪器及器件

仪器名称	型号或规格	数量	功能或备注
函数信号发生器		一台	
双踪示波器		一台	
直流稳压电源		一台	
数字万用表		一台	
九孔方板		一块	
集成运放	uA741	一块	
电阻	510Ω、1kΩ	若干	
电容	$0.01\mu F$、0.022F	若干	

7.3 实验原理及说明

7.3.1 理想的带通、带阻滤波器的频率特性

如图 4-1 所示。

7.3.2 有源带通滤波器电路及其频率特性

二阶有源带通滤波器如图 7-1 所示。

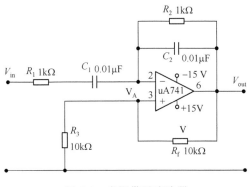

图 7-1　有源带通滤波器

根据图 7-1 所示电路,可列出方程

$$\frac{V_i - V_A}{R_1 + 1/\mathrm{j}\omega C_1} = \frac{V_A - V_0}{\dfrac{R_2/\mathrm{j}\omega C_2}{R_2 + 1/\mathrm{j}\omega C_2}}$$

$$V_0 = KV_A \quad (\text{其中 } K = 1 + R_f/R_3 = 2)$$

若取 $R_1 = R_2 = R, C_1 = C_2 = C$,可解得

$$H(s) = \frac{V_o}{V_s} = -\frac{2}{1 + SCR + \dfrac{1}{SCR}}$$

则系统的传输函数为

$$H(\mathrm{j}\omega) = \frac{-2\mathrm{j}\omega CR}{1 - (\omega CR)^2 + \mathrm{j}\omega CR} \quad (\text{令 } \omega_0 = 1/RC)$$

其幅频特性为

$$|H(\mathrm{j}\omega)| = \frac{2}{\sqrt{1 + (\omega CR - 1/\omega CR)^2}} = \frac{2}{\sqrt{1 + \left(\dfrac{\omega}{\omega_0} - \dfrac{\omega_0}{\omega}\right)^2}}$$

(1)令 $\dfrac{\mathrm{d}|H(\mathrm{j}\omega)|}{\mathrm{d}\omega} = 0$,解得当 $\omega = \omega_0$ 时,$|H(\mathrm{j}\omega_0)|$ 获得了最大值 2。

(2)为求出 ω_{CH} 及 ω_{CL},令 $|H(\mathrm{j}\omega_c)| = \dfrac{1}{\sqrt{2}}|H(\mathrm{j}\omega)|_{max} = \dfrac{2}{\sqrt{2}}$,解得 $\omega_{CH}/\omega_0 = 1.6175, \omega_{CL}/\omega_0 = 0.6175$,由此计算得带通的中心频率 $\omega'_0 = (\omega_{CH} + \omega_{CL})/2 = 1.117\omega_0$。

(3)当 $\omega \to 0$ 及 $\omega \to \infty$ 时,$|H(\mathrm{j}\omega)| \to 0$,可见该二阶有源滤波器具有带通特性。

其幅频特性曲线如图 7-2 所示。

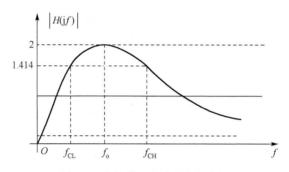

图 7-2　有源带通滤波器幅频特性

其相频特性为

$$\phi(\omega) = \begin{cases} \arctan\left[\dfrac{1-(\omega RC)^2}{\omega RC}\right] - \pi, & \omega < \omega_0 \\[3mm] \arctan\left[\dfrac{1-(\omega RC)^2}{\omega RC}\right] + \pi, & \omega > \omega_0 \end{cases}$$

相频特性曲线请自行推导。

7.3.3　有源带阻滤波器电路及其频率特性

有源带阻滤波器的电路如图 7-3 所示。

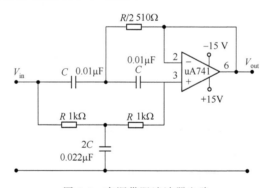

图 7-3　有源带阻滤波器电路

有源带阻滤波器频率特性的分析,要求参阅上述方法自行分析。

7.4　实验内容及步骤

7.4.1　基本要求

1. RC 有源带通滤波器幅频和相频特性* 的测试

用同轴电缆线将函数信号发生器输出端接到 RC 有源带通滤波器输入端,调节函数信号发生器,使之输出 V_i＝1V 的正弦波,调节正弦波输出频率,合理选择 20 个以上频率点,测出滤波器在这些频率点处的输出电压 V_o 值,并用示波器测量各频率点处输出信号 V_o 相对于 V_i 的相移,记录测量数据到至表 7-2 中。

表 7-2　有源带通滤波器测量数据

测量条件 V_i＝1V 正弦波（选 20 个以上测试频率）									
输入 V_i 的频率 f/Hz									
输出 V_o 的幅值/V									
输出 V_o 相位/(°)									
测量条件 V_i＝1V 正弦波（选 20 个以上测试频率）									
输入 V_i 的频率 f/Hz									
输出 V_o 的幅值/V									
输出 V_o 相位/(°)									

2. RC 有源带阻滤波器幅频和相频特性* 的测试

将函数信号发生器输出端接到 RC 有源带阻滤波器输入端,调节函数信号发生器,使之输出 V_i＝1V 的正弦波,调节信号源的正弦波输出频率,合理选择 20 个以上频率点,测出滤波器在这些频率点处的输出电压 V_o 和输出信号 V_o 相对于 V_i 的相移,记录测量数据至表 7-3 中。

表 7-3　有源带阻滤波器测量数据

测量条件 V_i＝1V 正弦波（选 20 个以上测试频率）									
输入 V_i 的频率 f/Hz									
输出 V_o 的幅值/V									
输出 V_o 相位/(°)									
测量条件 V_i＝1V 正弦波（选 20 个以上测试频率）									
输入 V_i 的频率 f/Hz									
输出 V_o 的幅值/V									
输出 V_o 相位/(°)									

7.4.2　设计性要求

(1)设计一个能让 3～10kHz 正弦波信号通过、放大倍数为 2 的有源带通滤波器,自行设计实验电路、选择适当器件参数和测试仪表、自拟实验数据记录表格、确定实验测试方案,仿真并测量该滤波器的频率特性。

(2)设计一个能阻止 7～38kHz 正弦波信号通过的有源带阻滤波器,自行设计实验电路、选择适当器件参数和测试仪表、自拟实验数据记录表格、确定实验测试方案,仿真并测量该滤波器的频率特性。

*(3)设计一个能将 360Hz 三角波信号的三次谐波通过的有源带通滤波器,自行设计实验电路、选择适当器件参数和测试仪表、自拟实验数据记录表格、确定实验测试方案,仿真并测量该滤波器的频率特性。

*(4)用 Multisim 软件仿真的方式验证设计电路的幅频和相频特性。

7.5　实验注意事项

1.在测量时,应注意输入、输出信号必须共地。

2.在实验测量过程中,必须始终保持正弦波信号的输出(即滤波器的输入)电压 V_i 为 1V 不变(输入信号幅度不宜过大),使运算放大器工作在线性区,避免造成测量误差。

3.有源滤波器由 LM358 运算放大器及电阻电容等分立元件构成,而运算放大器 LM358 正常工作需±15V 电源供电,接线时应注意极性。

4.在进行有源滤波器实验时,应注意输出端不可短路,以免损坏运算放大器。

5.用示波器测量时,必须将示波器的"地"与信号源的"地"始终可靠连接。

7.6　实　验　预　习

1.计算图 7-1 所示有源带通滤波器的截止频率 f_{CH}、f_{CL} 及其中心频率 f_0'、特征频率 f,计算在这些频率上的相位 $\varphi(f_{CH})$、$\varphi(f_{CL})$、$\varphi(f_0')$ 和 $\varphi(f_0)$。

2.计算图 7-3 所示有源带阻滤波器的 f_{CH}、f_{CL} 及阻带的带宽。

7.7　实　验　总　结

1.整理各项实验数据,绘制各滤波器的幅频特性和相频特性曲线。

2.由带通、带阻的特性曲线找出各自的截止频率 f_{CH}、f_{CL} 并与理论计算值比较。

3.将无源带通与有源带通的特性曲线分别与理想带通特性比较。

4.将无源带阻与有源带阻的特性曲线分别与理想带阻特性比较。

第8章　状态轨迹的显示

8.1　实　验　目　的

1.观察 RLC 电路的状态轨迹。

2.掌握一种同时观察两个无公共接地端电信号的方法。

8.2　实验仪器设备元器件

实验所用仪器仪表如表 8-1 所示,由实验者自行概述各表的功能。

表 8-1　实验仪器及器件

仪器名称	型号或规格	数量	功能或备注
函数信号发生器		一台	
双踪示波器		一台	
九孔方板		一块	
电阻	30Ω	1 个	
电位器	4.7kΩ	1 个	
电容	5600pF	1 个	
电感	10mH	1 个	

8.3　实验原理及说明

（1）任何变化的物理过程在每一时刻所处的"状态",都可以概括地用若干个被称为"状态变量"的物理量来描述,我们常将与物体储能直接有关的物理量作为状态变量。在一个动态的电网络中,由于在不同的时刻,各支路电压、电流都在变化,使电路在不同时刻所处的状态不同,在所有的 V_C、I_C、V_L、I_L、V_R、I_R 六种可能的变量中,由于只有电容、电感是储能元件,所以选择电容的电压和电感上的电流作为电路的状态变量,只要了解 V_C 和 I_L 的变化,就可以了解电路状态的变化。

（2）状态变量是指能确切描述系统动态特性最少数量的数据。对一个电网络来说,并不一定需要选择全部的电容电压和电感作为状态变量,只要通过有限的状态变量,就可以确定网络中任一支路的电压和电流。

（3）对于 N 阶网络，要由 n 个状态变量来描述，可以设想有一个 n 维状空间，每一维表示一个状态变量，则 n 个状态变量，构成一个 n 维的"状态空间"，网络在每一时刻所处的状态可以用状态空间中的一个点来表达，随着时间的变化，状态空间中点的移动形成一个轨迹，称为"状态轨迹"。电路参数不同，则状态轨迹也不相同。对三阶网络状态空间可用一个三维空间来表示，而对于二阶网络则可以用二个状态变量组成一个二维空间-平面表达，状态轨迹就是这一平面上的一条曲线，当电路参数改变时，相应的状态轨迹也随之变化。由于状态变量都是一些与储能有关的物理量，而能量是不能突变的，所以状态变量一般也是不能突变的，状态轨迹则是一条连续的曲线。

对于 RLC 二阶电路，当电路处于过阻尼、欠阻尼和临界状态时的状态轨迹如图 8-1(a)、(b)、(c)所示。

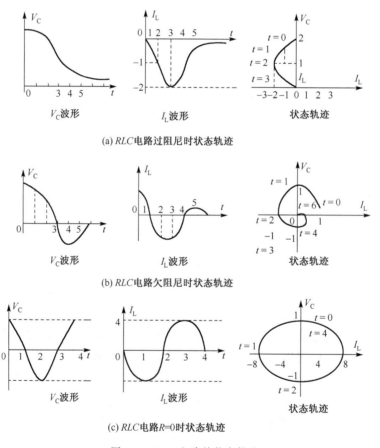

(a) RLC 电路过阻尼时状态轨迹

(b) RLC 电路欠阻尼时状态轨迹

(c) RLC 电路 $R=0$ 时状态轨迹

图 8-1　RLC 电路的状态轨迹

用双踪示波器显示二阶网络状态轨迹的原理与显示李沙育图形完全一样，采用如图 8-2 所示电路,用方波作为激励,使过渡过程重复出现,以便用示波器观察,示波器 X 轴应接 V_R,因为它与 I_L 成正比,而 Y 轴应接 V_C。

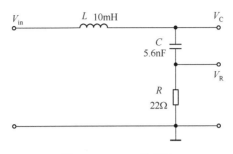

图 8-2　RLC 二阶网络

8.4　实验内容及步骤

(1)按图 8-3 联接电路和仪器,将图中的 V_C 信号送入示波器的 Y 通道,V_R 信号(电感电流正比于电阻电压,因此可用电阻上的电压近似电感电流)送入示波器的 X 通道,将示波器置于 X-Y 状态。在电路的 V_{in} 处输入 $V_{p\text{-}p}=1V$、$f=1kHz$ 的方波作为二阶网络的激励,调节电路中电位器的阻值,观察并绘制该网络的 V_C、I_L 和状态轨迹图,并与实验预习 2 的结果比较。

(2)将方波激励(阶跃)改为周期性窄脉冲(冲激),观察冲激响应的状态轨迹。

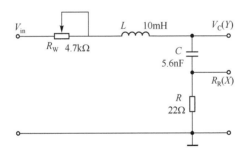

图 8-3　RLC 二阶网络状态轨迹观察电路

8.5　实验注意事项

为了使瞬态过程周期性重复出现以便示波器观察,采用方波激励代替阶跃信号,它有正负两次跳变,所以观察到的状态轨迹如图 8-4 所示,图中实线部分对应于正跳变引起的状态变化,虚线部分则是负跳变相对应的状态变化,应根据测试要求确定所需要的部分。

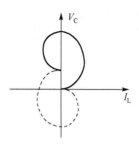

图 8-4　阶跃输入下观察到的状态轨迹

8.6　实　验　预　习

1. 简述用示波器显示李沙育图形的原理和观察状态轨迹时示波器电路的联接方法。

2. 哪些是图 8-3 电路的状态变量，改变电位器的阻值，在不同阻值时它的状态轨迹形状如何？计算阻值分别为多少？

3. 用什么方法能使二阶网络工作在无阻尼状态，而观察到如图 8-1(c)所示的状态轨迹？

8.7　实　验　总　结

1. 整理实验中观察到的三种状态轨迹图形。

2. 根据实验中观测到的 V_C、I_L 波形图，手工合成 RLC 二阶网络欠阻尼的状态轨迹图。

3. 讨论状态变量分析法与以往的变换域分析法在实验应用中的差异。

第9章 基本运算单元电路实现

9.1 实 验 目 的

掌握线性时不变系统常用的三种基本单元电路:加法器、系数乘法器和积分器等的功能、实现,了解其运算功能。

9.2 实验仪器设备元器件

实验所用仪器仪表如表 9-1 所示,由实验者自行概述各表的功能。

表 9-1 实验仪器及器件

仪器名称	型号或规格	数量	功能或备注
函数信号发生器		一台	
双踪示波器		一台	
直流稳压电源		一台	
九孔方板		一块	
集成运放	LM358 或 uA741	若干	
电阻	4.7kΩ、10kΩ、100kΩ、1MΩ	若干	
电容	$0.01\mu F$	若干	

9.3 实验原理及说明

描述线性时不变模拟系统的微分方程包含三种基本的运算,即加法、系数乘法和积分运算,它们的运算符号与功能如图 9-1 所示。

(1) 加法器:是输出信号等于几个输入信号之和的放大器,图 9-2(a)所示电路是反相加法器。

其原理如下:

$$I_f = i_1 + i_2 + \cdots + i_n = V_{i1}/R + V_{i2}/R + \cdots + V_{in}$$

$$V_o - V_\Sigma = -R I_f, \qquad V_\Sigma = 0(虚地)$$

所以

$$V_o = -R I_f = -(V_{i1} + V_{i2} + \cdots + V_{in})$$

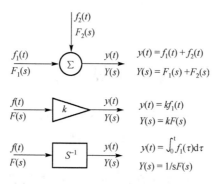

图 9-1　基本运算单元框图

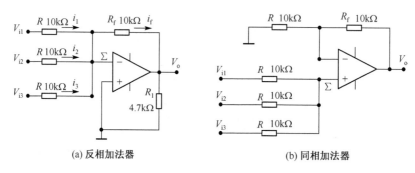

(a) 反相加法器　　　　　　　　　(b) 同相加法器

图 9-2　加法器

（2）减法器的输出信号是两个输入信号 V_{i1} 与 V_{i2} 之差，减法器的电路如图 9-3 所示。

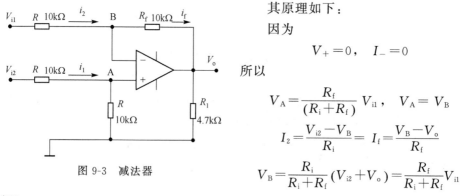

图 9-3　减法器

其原理如下：

因为

$$V_+ = 0, \quad I_- = 0$$

所以

$$V_A = \frac{R_f}{(R_i + R_f)} V_{i1}, \quad V_A = V_B$$

$$I_2 = \frac{V_{i2} - V_B}{R_i} = I_f = \frac{V_B - V_o}{R_f}$$

$$V_B = \frac{R_i}{R_i + R_f}(V_{i2} + V_o) = \frac{R_f}{R_i + R_f} V_{i1}$$

所以

$$V_o = \frac{R_f}{R_0}(V_{i1} - V_{i2})$$

若取 $R_f = R_i = R$，则 $V_o = V_{i1} - V_{i2}$。

（3）系数乘法器：可由比例放大器实现，放大器的输出信号是输入信号按一定比例放大（缩小）而得的，其数学模型为 $y=Kx$，其中 y 为输出信号，x 为输入信号，K 为一常数，系数乘法器的电路如图 9-4 所示。

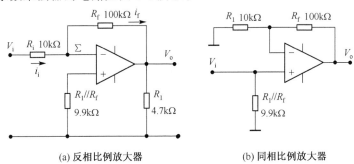

　　　(a) 反相比例放大器　　　　　　　　　　　　(b) 同相比例放大器

图 9-4　系数乘法器

图 9-4(a) 所示为反相比例放大器，图中

$$I_i=V_i/R_i=I_f, \quad V_o=V_\Sigma-I_f, \quad R_f=-(R_f/R_i)V_i$$

$$V_o=KV_i$$

式中，$K=-R_f/R_i$ 为乘法器的标乘系数；放大器的输入阻抗为 $R_{in}=V_i/I_i=R_i$。

图 9-4(b) 所示为同相系数乘法器，可以证明：

$$V_o=(1+R_f/R_i)V_i=KV_i$$

式中，乘法器标乘系数 $K=1+R_f/R_i$；放大器的输入阻抗为 $R_{in}=R_f/\!/R_i$。

（4）积分器的输出信号是输入信号积分后的结果，其数学关系为 $y=\int_0^t x\mathrm{d}t$，积分器可用如图 9-5 所示电路实现。

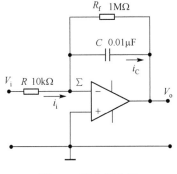

图 9-5　积分器电路

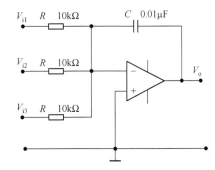

图 9-6　求和积分器电路

其工作原理如下：

因为 $I_i=I_c$ 且 $V_\Sigma=0$，而

$$I_i=(V_i-V_\Sigma)/R=V_i/R$$

$$I_{\mathrm{C}} = -C\frac{\mathrm{d}V_{\mathrm{o}}(t)}{\mathrm{d}t}$$

则 $V_{\mathrm{o}}(t) = -\dfrac{1}{RC}\displaystyle\int_0^t V_{\mathrm{i}}(t)\mathrm{d}t$。

注：上式中所示的积分关系，忽略了运算放大器输入失调电压、失调电流的影响，另外，为了积分器的稳定性可在电容 C 的两端并接大电阻值的电阻。

(5) 求和积分器：将积分器和加法器相结合，可以构成如图 9-6 所示的求和积分器，得到如下关系：

$$V_{\mathrm{o}}(t) = -1/RC\displaystyle\int_0^t (V_{i1} + V_{i2} + \cdots + V_{in})\mathrm{d}t$$

9.4　实验内容及步骤

9.4.1　基本要求

1. 加法器的实现

1) 反相加法器电路

按图 9-2(a)所示电路分别完成反相加法器电路的连接。

(1)在 V_{i1} 端输入一方波，在 V_{i2} 端输入一直流电平，用示波器观察并记录加法器输出信号 V_{o} 的波形及参数，求出 V_{o} 与 V_{i1}、V_{i2} 关系。

(2)在 V_{i1} 端输入一个 $V_{\mathrm{p\text{-}p}}=1\mathrm{V}$、$f=1\mathrm{kHz}$ 方波信号，在 V_{i2} 端输入一个频率较高的正弦波，在 V_{o} 端用示波器观察输出信号波形。比较输出波形与两个输入信号之间的关系(图 9-7)。

(3)将 V_{i2} 端正弦波频率调到 $10\mathrm{kHz}$，观察及绘制输入方波、正弦波、输出信号波形，记录波形参数(允许定标误差为 $0.05\mathrm{ms}$)。

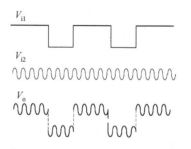

图 9-7　加法器实现方波与正弦波的加法运算

2) 同相加法器电路

按图 9-2(b)所示电路分别完成同相加法器电路的连接。

(1)实验步骤同反相加法器实验内容(1)。

(2)实验步骤同反相加法器实验内容(2)。

(3)实验步骤同反相加法器实验内容(3)。

3) 减法器电路

按图 9-3 接成减法器,在 V_{i1} 端输入一方波,V_{i2} 端输入一直流电平,分别用示波器观察并记录 V_{i1}、V_{i2} 及 V_o 的波形及参数,比较与 V_o、V_{i1} 及 V_{i2} 的关系。

2. 系数乘法器的实现

(1)按图 9-4(a)所示接成反相系数乘法器,R_f 用 100kΩ 的电阻器代替电阻,在 V_i 端输入 $V_{p-p}=2V$、$f=1kHz$ 的方波,用示波器观察输出 V_o 的波形及幅度,并将 V_o 为不同值时,电位器 R_f 的阻值记录到表 9-2 中。

(2)按图 9-4(b)所示接成同相系数乘法器,重复反相系数乘法器实验步骤,记录相应数据到表 9-2 中。

表 9-2　系数乘法器测试参数(测试条件:$V_i=2V$, $R_i=10kΩ$)

	V_o	1V	2V	4V	6V	8V
反相	R_f					
同相	R_f					

3. 积分器的实现

按图 9-5 所示接成积分器电路,求出积分电路的时间常数。

(1)在输入端输入一方波信号 V_i,用示波器观察 V_o 的波形,分析输出与输入信号之间关系,以及方波重复周期与积分时间常数之间的关系。

(2)在积分器输入端输入一正弦信号 V_i,用双踪示波器观察输出信号 V_o,比较 V_i 与 V_o 的波形关系。

(3)改变积分器电容 C 的数值,观察波形变化。

*(4)自行设计积分求和电路,实现积分求和功能,检验电路的实现情况。

9.4.2　设计性要求

(1)设计一个加法器,以实现 $V_o=3V_{i1}+4V_{i2}$ 的功能。

*(2)设计一个加法器,以实现 $V_o=3V_{i1}+4V_{i2}$ 的功能。

*(3)设计一个减法器,以实现 $V_o=3V_{i1}-4V_{i2}$ 的功能。

(4)设计一个系数乘法器,以实现 $V_o=3V_i$ 和 $V_o=-5V_i$ 的功能。

(5)设计一个积分器,以实现对 1kHz 方波信号的积分运算。

(6)自行设计实验测试方案、步骤、实验数据记录表格,合理选择测试仪表,仿真并测试电路的以上性能。

9.5　实验注意事项

1. 运算放大器正、负电源电压不超过±15V,并不能接错极性,以免损坏。

2. 作加法器实验时,无信号输入的输入端应接地,相当于该输入端输入为零,而不能让无输入信号的输入端"悬空"。

3. 运放在实际使用中,需要连接一些调零,补偿电路(元件),在实验装配时不可缺少。

9.6　实　验　预　习

预习运算放大器的有关知识,其工作在线性区时的"虚短"和"虚断"概念等。了解不同运算放大器的管脚位置、连线方法、注意事项等。

9.7　实　验　总　结

1. 绘出加法器的输入 V_{i1}、V_{i2} 及输出 V_o 的波形,检验是否达到预期效果。

2. 运算、整理乘法器实验数据,分析在改变 R_i 与 R_f 的比值时,输出 V_o 与输入 V_i 信号的幅度变化关系。

3. 绘出积分器输入、输出波形,分析两者之间的关系。

9.8　运算放大器 uA741 和 LM358 引脚定义

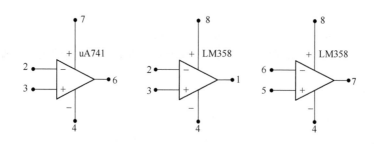

第 10 章　连续时间系统的模拟

10.1　实验目的

1.用基本运算单元(加法器、系数乘法器、积分器)模拟系统的微分方程和传输函数。

2.用模拟的方法求解线性时不变系统的微分方程。

3.研究参数变化对响应的影响。

10.2　实验仪器设备元器件

实验所用仪器仪表如表 10-1 所示,由实验者自行概述各表的功能。

表 10-1　实验仪器及器件

仪器名称	型号或规格	数量	功能或备注
函数信号发生器		一台	
双踪示波器		一台	
直流稳压电源		一台	
数字万用表		一台	
九孔方板		一块	
集成运放	LM358 或 uA741	一片	
电阻	4.7kΩ、10kΩ、20kΩ	若干	
电位器	47kΩ	若干	
电容	0.01μF	若干	

10.3　实验原理及说明

(1)一个线性时不变的物理系统(电系统或非电系统),均能用线性常微分方程来描述。微分方程可以由基本的运算单元:加法器、标量乘法器、微分器或积分器组合成相应的电路进行模拟,尽管模拟的系统与所研究的实际物理系统的内容可以完全不同,但它们具有相同的微分方程,即系统输入与输出之间的关系、传递函数完全相同,因而在对复杂系统或非电系统进行研究时,可以运用模拟的方法,构建一个与实际物理系统具有相同微分方程的模拟装置（电路），用以观察因激励信号和系统参数的变化，而引起的系统响应的变化，以便确定最佳工作状态的系统参数值。

（2）线性常系数微分方程一般形式为（全极点型系统）

$$y^{(n)}(t)+a_{n-1}y^{(n-1)}(t)+\cdots+a_1 y'(t)+a_0 y(t)=x(t)$$

式中，$x(t)$ 为系统的激励信号；$y(t)$ 为系统的输出或响应。可见微分方程的基本运算为：加法、标量乘法和微分。由于积分器比微分器抗干扰性能好，所以在模拟系统的微分方程时常采用积分器，可将微分方程改写为积分方程形式：

$$y(t)=\int^{(n)}x(t)\mathrm{d}t-a_0\int^{(n)}y(t)\mathrm{d}t-\cdots-a_{n-1}\int y(t)\mathrm{d}t$$

它的拉普拉斯变换形式为

$$Y(S)=S^{-n}X(S)-a_0 S^{-n}Y(S)-a_1 S^{-(n-1)}-\cdots-a_{n-1}S^{-1}Y(S)$$

可画出 N 阶线性系统的模拟图如图 10-1 所示：

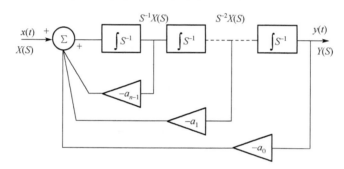

图 10-1　N 阶线性模拟系统框图

以一阶、二阶微分方程为例：

● 一阶微分方程

$$y'(t)+a_0 y(t)=x(t) \quad 或 \quad y'(t)=x(t)-a_0 y(t)$$

其系统模拟框图如图 10-2(a)所示。

● 二阶微分方程

$$y''(t)+a_1 y'(t)+a_0 y(t)=x(t)$$

其系统模拟框图如图 10-2(b)所示。

● 一阶系统和二阶系统的模拟电路如图 10-3(a)、(b)所示。

由二阶系统电路列出方程组：

$$\begin{cases}(1/R_2+1/R_4)V_B \cdot V_i/R_2 \cdot V_b/R_4=0 \\ (1/R_1+1/R_3)V_A \cdot V_t/R_1 \cdot V_h/R_3=0 \\ V_A=V_B\end{cases}$$

对照图 10-2(b)与图 10-3(b)，其中

$$V_i=x(t), \quad V_t=y(t), \quad V_b=-y(t), \quad V_h=y''(t)$$

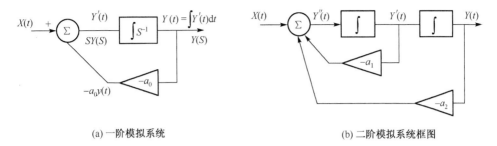

(a) 一阶模拟系统　　　　　　　　　　　　　(b) 二阶模拟系统框图

图 10-2　一阶二阶线性系统模拟框图

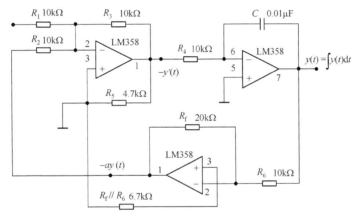

(a) 一阶系统模拟电路

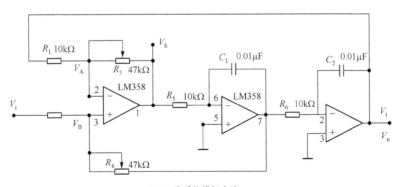

(b) 二阶系统模拟电路

图 10-3　一阶二阶系统电路图

可求得

$$y''(t) + \frac{R_2}{R_1}\frac{R_1 + R_3}{R_2 + R_4}y', \quad (t) + \frac{R_3}{R_1}y(t) = \frac{R_4}{R_1}\frac{R_1 + R_3}{R_2 + R_4}x(t)$$

$$a_1 = \frac{R_2}{R_1} \frac{R_1+R_3}{R_2+R_4} = 0.5, \quad a_2 = R_3/R_1 = 1, \quad b_0 = \frac{R_4}{R_1} \frac{R_1+R_3}{R_2+R_4}$$

取 $R_2=10\mathrm{k\Omega}, R_4=30\mathrm{k\Omega}, R_3=30\mathrm{k\Omega}$,求得 $a_1=+1, a_2=3, b_0=3$

$$y''(t) + y'(t) + 3y(t) = 3x(t)$$

- 设一个机械阻尼震动方程为

$$y''(t) + 0.5y'(t) + y(t) = 0$$

其中,$y(t)$ 表示位移,令 $x(t)=0$,即 V_i 接地,由方程可知 $a_1=0.5, a_2=1$,而

$$a_0 = \frac{R_2}{R_1} \frac{R_1+R_3}{R_2+R_4}, \qquad a_1 = \frac{R_3}{R_1}$$

所以可取 $R_2=10\mathrm{k\Omega}, R_4=30\mathrm{k\Omega}, R_1=10\mathrm{k\Omega}, R_3=30\mathrm{k\Omega}$。

(1)实际系统的响应动态范围很大,持续时间可能很长,但是运算放大器输出电压是有一定限制的,大约在 10V,积分时间受 RC 元件数值限制,也不能太大,要合理选择变量的比例尺度 M_y 和时间的比例尺度 M_t,使得输出电压

$$V_t = V_o = M_y * y, \qquad T_m = M_t * t$$

式中,y、t 为实际系统方程中的变量 $y(t)$ 和时间 t;V_t 和 T_m 为方程中的变量和时间,对于方程 $y''(t)+0.5y'(t)+y(t)=0$,如果选择 $M_y=10\mathrm{V/cm}, M_t=1$,则模拟解中的 10V 代表位移 1cm,模拟解的时间与实际时间相同,如选 $M_t=10$,则模拟解中第 10 秒的位移,表示为实际第 1 秒时的位移。

(2)若实际系统有初始状态,则进行模拟解时,要设置初始状态。

设系统初始位移 $y(0)=1\mathrm{cm}, y'(0)=0$,则按选定的比例尺度使得

$$V_t = M_y * y(0), \qquad V_b(0) = M_y * y'(0) = 0\mathrm{V}$$

可对电容 C_1 充电使之达到 10V,使电容 C_2 两端电压为零。

10.4　实验内容及步骤

10.4.1　基本要求

1.用反相加法器、积分器及反相乘法器按图 10-3(a)连接成一阶系统的模拟电路,观察其阶跃响应,与实验预习的结果比较。

2.在电容无初始状态和无输入的情况下,使输出电压为零(调零电位器)。

(1)对电容充电以建立初始条件。

(2)观察模拟装置输出的响应,即模拟方程的解按比例尺度得到实际系统的响应。

(3)改变 R_3 与 R_1 比值及 R_3、R_4 与 R_1 比值,以及初始电压的大小和极性,观察响应的变化。

3.在 V_i 端输入方波或正弦波,调节 R_3、R_4,观察 V_h、V_b 点输出波形,使之不发生振荡和限幅现象。

（1）如用正弦信号输入，调节输入信号频率为 $20\mathrm{Hz}\sim20\mathrm{kHz}$，分别观察 V_b，V_h 及 V_t 点输出波形随频率的变化情况，绘出其频率特性曲线。

（2）微调 R_3 并观察输出 V_t 的波形，记录频率特性曲线的变化规律。

（3）微调 R_4，观察 V_t 的波形，记录其频率特性曲线的变化规律。

4．列出图 10-3 所示系统的模拟电路的微分方程，并求解。

10.4.2　设计性要求

1．设计给定微分方程

$$y''(t) + y'(t) + 3y(t) = 3x(t)$$

所描绘的二阶网络函数的电路模型。

2．设计实验测试方案，软件仿真该模拟电路的微分方程的实现情况。

3．自拟实验测试内容、数据记录表格，选择适当的仪器，测量该电路在不同信号激励下的响应波形。

10.5　实验注意事项

1．注意运算放大器的电源极性，电压范围在 $-15\mathrm{V}\sim+15\mathrm{V}$，以免损坏运放。

2．运算放大器的输入端若无信号输入时应该接地，相当于零输入。

10.6　实 验 预 习

列举一个一阶系统，写出系统的微分方程、初始状态，求解该系统在阶跃信号作用下的响应，并绘出响应的波形。

10.7　实 验 总 结

1．绘出一阶系统微分方程的响应，与理论分析结果对照。

2．绘出二阶系统微分方程的响应，与理论分析结果对照。

3．记录 10.4.2 小节 3 中测量得到的数据，绘出二阶系统的频率特性曲线（在 V_b、V_h、V_t 三点输出的特性），改变 R_3、R_4 电位器值，注意 V_t 输出端的低通特性曲线的变化情况。

4．实验的收获体会。

第 11 章　MATLAB 在信号与系统中的基本使用

11.1　实　验　目　的

1. 掌握使用 MATLAB 产生典型连续信号和离散信号的 MATLAB 编程方法。

2. 掌握使用 MATLAB 进行连续时间信号与离散时间信号的 MATLAB 编程方法。

11.2　实　验　原　理

典型的连续时间信号有指数信号、正弦信号、复指数信号、抽样信号、单位阶跃信号、符号函数信号、单位斜坡信号、门函数信号、三角脉冲信号、单位冲激信号、冲激偶信号等。典型的离散时间信号有单位阶跃序列、单位冲激序列、矩形序列、实指数序列、单位斜变序列、正弦序列、复指数序列等,这些信号在信号与系统中有重要作用,在以后的课程里面经常被用到。

信号与系统课程里对连续时间信号做的运算有:反转、尺度变换、移位、微分运算、积分运算等。对离散时间信号做的运算有:反转、移位、尺度变换、差分运算、累加运算等,这些运算是信号与系统的基本运算,复杂的系统也是由这些基本运算构成的。

1. 信号的反转

将 $f(t) \rightarrow f(-t)$, $f(k) \rightarrow f(-k)$ 称为对信号 $f(\cdot)$ 的反转或反折。从图形上看是将 $f(\cdot)$ 以纵坐标为轴反转 $180°$,如图 11-1 所示。

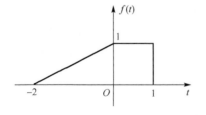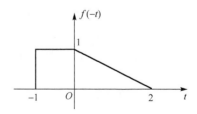

图 11-1　信号的反转

2. 信号的平移

将 $f(t) \rightarrow f(t-t_0)$，$f(k) \rightarrow f(k-k_0)$ 称为对信号 $f(\cdot)$ 的平移或移位。若 t_0（或 k_0）>0，则将 $f(\cdot)$ 右移；否则左移，如图 11-2 所示。

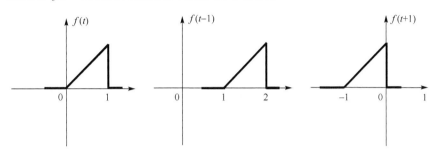

图 11-2　信号的平移

3. 信号的展缩

将 $f(t) \rightarrow f(at)$ 称为对信号 $f(t)$ 的尺度变换。若 $a>1$，则波形沿横坐标压缩；若 $0<a<1$，则扩展坐标，如图 11-3 所示。

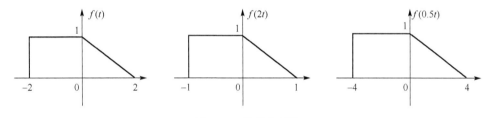

图 11-3　信号的展缩

4. 信号的积分和微分

微分 $f'(t) = \dfrac{\mathrm{d}f(t)}{\mathrm{d}t}$，积分 $\displaystyle\int_{-\infty}^{t} f(\tau)\mathrm{d}\tau$，如图 11-4 和图 11-5 所示。

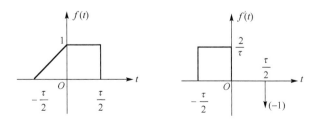

图 11-4　信号的微分

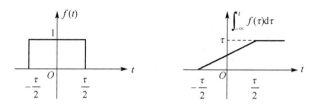

图 11-5　信号的积分

11.3　MATLAB 函数

(1)指数信号 Ae^{at} 的 MATLAB 表示:A * exp(a * t)。

(2)正弦信号的 MATLAB 表示:cos()和 sin()。

(3)矩形脉冲信号的 MATLAB 表示:rectpuls(t,width),其中 t 是时间轴,width 是矩形脉冲宽度。

(4)三角波脉冲信号的 MATLAB 表示:tripuls(t,width,skew),其中 t 是时间轴,width 是三角波的底宽,skew 是三角的斜率。

(5)绘图函数 plot 与 stem:在 MATLAB 中,plot 与 stem 都用来绘出函数的图形,通常 plot 用来绘出连续函数图形,stem 用来绘出离散函数图形。

plot 的定义为:

```
plot(x,y,linespec,'propertyname',propertyvalue);
```

Linespec 表示图像中线的特性,包括线的形状、颜色、标记的方式等,调用顺序为线形、标记符号、颜色。Linespec 的三方面特征如表 11-1～表 11-3 所示。

表 11-1　线的形状

线形符号	线形描述
—	实线（默认）
——	虚线
:	点线
-.	点画线

表 11-2　部分标记描述

标记符号	标记描述
+	加号标记
o	圆圈标记
*	星号标记
.	点型标记
×	叉形标记

表 11-3　线的颜色

颜色符号	符号描述
r	红色
g	绿色
b	蓝色
c	青色
m	品红色
y	黄色
k	黑色
w	白色

Propertyname 主要包括四个属性：LineWidth，MarkerEdgeColor，Marker-FaceColor，MarkerSize。

LineWidth：定义线的粗细，默认值为 0.5。

MarkerEdgeColor：定义标记的颜色或者填充标记的边沿的颜色，颜色如表 11-3 所示。

MarkerFaceColor：定义填充标记内部的颜色，颜色如表 11-3 所示。

MarkerSize：定义标记的大小。

stem 函数的调用和 plot 函数类似。

（6）微分 y＝diff(f)/h：此函数为求得函数 f 的微分函数 y，h 为数值计算所取时间间隔。

（7）积分 quad('function_name',a,b)：此函数为在 a 和 b 指定积分区域里求得被积函数 function_name 的积分。

11.4　实验内容与方法

1. 使用 MATLAB 画出典型信号波形

（1）画出指数函数 $e^{(-0.4t)}$ 的波形，MATLAB 程序如下：

```
clear all;
close all;
t= 0:0.01:10;
A= 1;
a= - 0.4;
ft= A* exp(a* t);
plot(t,ft);
```

（2）画出三角函数的波形，MATLAB 程序如下：

```
clear all;
close all;
t= - 3:0.001:3;
ft= tripuls(t,4,0.5);
plot(t,ft);
ft1= tripuls(t,4,1);
figure,plot(t,ft1);
```

（3）产生门函数的波形，MATLAB 程序如下：

```
clear all;
close all;
```

```
t= 0:0.001:4;
T= 1;
Ft= rectpuls(t- 2* T,T);
plot(t,Ft);
```

（4）产生单位冲激函数波形，MATLAB 程序如下：

```
clear all;
close all;
k= - 50:50;
delta= [zeros(1,50),1,zeros(1,50)];
stem(k,delta);
```

（5）产生单位阶跃函数波形，MATLAB 程序如下：

```
clear all;
close all;
k= - 50:50;
uk= [zeros(1,50),ones(1,51)];
stem(k,uk);
```

2. 使用 MATLAB 进行信号基本运算

（1）信号的尺度变换、反转、时移，MATLAB 程序如下：

```
clear all;
close all;
t= - 3:0.001:3;
ft= tripuls(t,4,0.5);
subplot(3,1,1);
plot(t,ft);
title('f(t)');
ft1= tripuls(2* t,4,0.5);
subplot(3,1,2);
plot(t,ft1);
title('f(2t)');
ft2= tripuls((2- 2* t),4,0.5);
subplot(3,1,3);
plot(t,ft2);
title('f(2- 2t)');
```

（2）求出三角波的微分波形，MATLAB 程序如下：

```
clear all;
```

```
close all;
h= 0.001;
t= - 3:h:3;
ft= tripuls(t,4,0.5);
subplot(3,1,1);
plot(t,ft);
title('f(t)');
y1= diff(ft)* 1/h;
subplot(3,1,2);
plot(t(1:length(t)- 1),y1);
title('the differentiation of f(t)');
```

3. 使用 MATLAB 画出下列波形

(1) $e^{|-0.4t|}$。

(2) $f(t)=1/2e^{-2t}u(t)$, $f(t-1)$ 和 $f(t)$ 的微分波形。

11.5　实　验　要　求

1. 在计算机中输入程序,验证实验结果。

2. 通过对验证性实验,自行编制 MATLAB 程序,并得出实验结果。

3. 在实验报告中写出完整的自编程序,并给出实验结果。

第 12 章　连续时间系统的频域分析

12.1　实　验　目　的

1. 掌握连续时间信号傅里叶变换和傅里叶逆变换的 MATLAB 实现方法。

2. 掌握连续时间信号傅里叶变换时移特性和傅里叶逆变换频移特性的MATLAB实现方法。

3. 掌握 fourier 函数和 ifourier 函数的调用格式及应用。

4. 掌握绘制信号频谱图的方法。

12.2　实　验　原　理

连续时间信号的傅里叶变换为

$$F(\mathrm{j}\omega) = \int_{-\infty}^{\infty} f(t)\,\mathrm{e}^{-\mathrm{j}\omega t}\,\mathrm{d}t$$

傅里叶逆变换为

$$f(t) = \frac{1}{2\pi} \int_{-\infty}^{\infty} F(\mathrm{j}\omega)\,\mathrm{e}^{\mathrm{j}\omega t}\,\mathrm{d}\omega$$

傅里叶变换具有以下性质。

1. 线性特性

如果 $f_1(t) \longleftrightarrow F_1(\mathrm{j}\omega)$, $f_2(t) \longleftrightarrow F_2(\mathrm{j}\omega)$, 则 $a f_1(t) + b f_2(t) \longleftrightarrow a F_1(\mathrm{j}\omega) + b F_2(\mathrm{j}\omega)$。

证明

$$
\begin{aligned}
&F[af_1(t) + bf_2(t)] \\
&= \int_{-\infty}^{\infty} [af_1(t) + bf_2(t)]\mathrm{e}^{-\mathrm{j}\omega t}\,\mathrm{d}t \\
&= \int_{-\infty}^{\infty} af_1(t)\mathrm{e}^{-\mathrm{j}\omega t}\,\mathrm{d}t + \int_{-\infty}^{\infty} bf_1(t)\mathrm{e}^{-\mathrm{j}\omega t}\,\mathrm{d}t \\
&= [aF_1(\mathrm{j}\omega) + bF_2(\mathrm{j}\omega)]
\end{aligned}
$$

2. 对称性

如果 $f(t) \longleftrightarrow F(\mathrm{j}\omega)$, 则 $F(\mathrm{j}t) \longleftrightarrow 2\pi f(-\omega)$。

证明

$$f(t) = \frac{1}{2\pi} \int_{-\infty}^{\infty} F(j\omega) e^{j\omega t} \, d\omega \tag{1}$$

在式(1)中，$t \to \omega, \omega \to t$，所以

$$f(\omega) = \frac{1}{2\pi} \int_{-\infty}^{\infty} F(jt) e^{j\omega t} \, dt \tag{2}$$

在式(2)中，$\omega \to -\omega$，所以

$$f(-\omega) = \frac{1}{2\pi} \int_{-\infty}^{\infty} F(jt) e^{-j\omega t} \, dt$$

所以

$$F(jt) \longleftrightarrow 2\pi f(-\omega)$$

3. 尺度变换

如果 $f(t) \longleftrightarrow F(j\omega)$，则 $f(at) \longleftrightarrow \dfrac{1}{|a|} F\left(j \dfrac{\omega}{a} \right)$。

证明

$$F[f(at)] = \int_{-\infty}^{\infty} f(at) e^{-j\omega t} \, dt$$

若 $a > 0$

$$F[f(at)] \overset{\tau = at}{=} \int_{-\infty}^{\infty} f(\tau) e^{-j\omega \frac{\tau}{a}} \frac{1}{a} d\tau = \frac{1}{a} F\left(j \frac{\omega}{a} \right)$$

若 $a < 0$

$$F[f(at)] \overset{\tau = at}{=} \int_{\infty}^{-\infty} f(\tau) e^{-j\omega \frac{\tau}{a}} \frac{1}{a} d\tau = -\frac{1}{a} \int_{-\infty}^{\infty} f(\tau) e^{-j\omega \frac{\tau}{a}} d\tau = -\frac{1}{a} F\left(j \frac{\omega}{a} \right)$$

也就是

$$f(at) \longleftrightarrow \frac{1}{|a|} F\left(j \frac{\omega}{a} \right)$$

4. 时移特性

如果 $f(t) \longleftrightarrow F(j\omega)$，则 $f(t - t_0) \longleftrightarrow e^{-j\omega t_0} F(j\omega)$。

证明

$$F[f(t - t_0)]$$

$$= \int_{-\infty}^{\infty} f(t - t_0) e^{-j\omega t} \, dt$$

$$\overset{t - t_0 = \tau}{=} \int_{-\infty}^{\infty} f(\tau) e^{-j\omega \tau} \, d\tau e^{-j\omega t_0}$$

$$= e^{-j\omega t_0} F(j\omega)$$

5. 频移特性

如果 $f(t) \longleftrightarrow F(j\omega)$，则 $F[j(\omega - \omega_0)] \longleftrightarrow e^{j\omega_0 t} f(t)$。

证明

$$F[e^{j\omega_0 t} f(t)] = \int_{-\infty}^{\infty} e^{j\omega_0 t} f(t) e^{-j\omega t} dt$$

$$= \int_{-\infty}^{\infty} f(t) e^{-j(\omega - \omega_0)t} dt$$

$$= F[j(\omega - \omega_0)]$$

本试验旨在学习使用 MATLAB 函数进行傅里叶变换和逆变换，熟悉使用 MATLAB 完成傅里叶的时移和频移变换。

12.3　MATLAB 函数

(1)fourier 函数：实现信号 $f(t)$ 的傅里叶变换。

F＝fourier(f)：是符号函数 f 的傅里叶变换，默认返回函数 F 是关于 ω 的函数。

F＝fourier(f,v)：是符号函数 f 的傅里叶变换，返回函数 F 是关于 v 的函数。

F＝fourier(f,u,v)：是对关于 u 的函数 f 的傅里叶变换，返回函数 F 是关于 v 的函数。

(2)ifourier 函数：实现信号 $F(j\omega)$ 的傅里叶逆变换。

f＝ifourier(F)，是函数 F 的傅里叶逆变换，默认的独立量为 ω，默认返回是关于 x 的函数。

f＝ifourier(F,u)：是函数 F 的傅里叶逆变换，返回函数 f 是关于 u 的函数。

f＝ifourier(F,v,u)：是对关于 v 的函数 F 的傅里叶逆变换，返回函数 f 是关于 u 的函数。

12.4　实验内容与方法

1. 使用 MATLAB 函数实现下列信号的傅里叶变换，并画出变换后的曲线

求出 $e^{-2|t|}$ 的傅里叶变换，并画出变换后的曲线。

MATLAB 程序如下：

```
clear all;
close all;
syms t f;
f= fourier(exp((- 2)* abs(t)));
```

```
ezplot(f);
```

2. 使用 MATLAB 函数实现下列信号的傅里叶逆变换

已知 $F(j\omega) = 1/1 + \omega^2$,求信号的傅里叶逆变换。

MATLAB 程序如下:

```
clear all;
close all;
syms t w;
ifourier(1/(1+ (w^2)),t);


ans
1/2* exp(- t)* heaviside(t)+ 1/2* exp(t)* heaviside(- t)
```

3. 使用 MATLAB 函数实现傅里叶变换的时移特性

画出 $f(t) = 1/2e^{-2t}u(t)$ 和 $f(t-1)$ 的频谱图,观察信号时移对频谱的影响。

MATLAB 画出 $f(t)$ 的频谱程序如下:

```
clear all;
close all;
r= 0.02;
t= - 5:r:5;
N= 200;
w= 2* pi;
k= - N:N;
w= k* w/N;
f1= 1/2* exp(- 2* t).* stepfun(t,0);    % stepfun 阶越函数
F= r* f1* exp(- j* t'* w); % 求 F(jw)
F1= abs(F);
P1= angle(F);
subplot(3,1,1);
plot(t,f1);
grid on;
xlabel('t');
ylabel('f(t)');
title('f(t)');
subplot(3,1,2);
plot(w,F1);
xlabel('w');
```

```
grid on;
ylabel('F(jw)');
subplot(3,1,3);
plot(w,P1* 180/pi);
grid;
xlabel('w');
ylabel('相位(度)');
```

问题:用 MATLAB 画出 $f(t-1)$ 的频谱,仿照上例自行写出程序。

4. 使用 MATLAB 函数实现傅里叶变换的频移变换

已知 $f(t)$ 为门函数,求 $f_1(t)=f(t)\mathrm{e}^{-\mathrm{j}5t}$ 及 $f_2(t)=f(t)\mathrm{e}^{\mathrm{j}5t}$ 的频谱图。

MATLAB 程序如下:

```
clear all;
close all;
R= 0.02;
t= - 2:R:2;
f= stepfun(t,- 1)- stepfun(t,1);
f1= f.* exp(- j* 5* t);
f2= f.* exp(j* 5* t);
W1= pi* 5;
N= 500;
k= - N:N;
W= k* W1/N;
F1= f1* exp(- j* t'* W)* R;
F2= f2* exp(- j* t'* W)* R;
F1= real(F1);
F2= real(F2);
subplot(2,1,1);
plot(W,F1);
xlabel('w');
ylabel('F1(jw)');
title('频谱 F1(jw)');
subplot(2,1,2);
plot(W,F2);
xlabel('w');
ylabel('F2(jw)');
title('频谱 F2(jw)');
```

5. 使用 MATLAB 完成下列问题

1）求下列函数的傅里叶变换

（1）$\sin^2(2t)$；

（2）$\cos(\pi t) + \cos(2\pi t)$；

（3）$\cos(2t)\sin(3t)$。

2）求下列信号的频谱图

（1）$e^{-3t+2}u(t+1)$；

（2）$e^{-|t|}\cos t$；

（3）$e^{-t}\sin(2t)u(t)$；

（4）$\sin t/t$。

3）求出下列信号的傅里叶逆变换

（1）$4\mathrm{Sa}(\omega)\cos(2\omega)$；

（2）$3/(-\omega^2 + \mathrm{j}\omega - 2)$；

（3）$\mathrm{Sa}^2(\omega/4)$。

4）已知 $f(t) = \sin(2\pi t)/\pi t$，求 $f(3t)$、$f(t-2)$、$f(t/3)$ 的频谱图

12.5　实　验　要　求

1. 在计算机中输入程序，验证实验结果。

2. 通过对验证性实验，自行编制 MATLAB 程序，并得出实验结果。

3. 在实验报告中写出完整的自编程序，并给出实验结果。

第13章 连续时间系统的复频域分析

13.1 实 验 目 的

1.掌握连续时间系统的复频域分析的基本方法。

2.掌握 MATLAB 中 laplace、ilaplace、ezplot 等函数的调用方法。

3.掌握使用 MATLAB 函数绘制系统函数零极点图的方法,并判断系统的稳定性。

13.2 实 验 原 理

13.2.1 从傅里叶变换到拉普拉斯变换

有些函数不满足绝对可积条件,求解傅里叶变换困难。为此,可用一衰减因子 $e^{-\sigma t}$(σ 为实常数)乘信号 $f(t)$,适当选取 σ 的值,使乘积信号 $f(t)e^{-\sigma t}$ 当 $t \to \infty$ 时信号幅度趋近于 0,从而使 $f(t)e^{-\sigma t}$ 的傅里叶变换存在。

$$F_b(\sigma + j\omega) = \mathscr{F}\left[f(t)e^{-\sigma t}\right] = \int_{-\infty}^{\infty} f(t)e^{-\sigma t}e^{-j\omega t}\,dt = \int_{-\infty}^{\infty} f(t)e^{-(\sigma+j\omega)t}\,dt$$

相应的傅里叶逆变换为

$$f(t)\,e^{-\sigma t} = \frac{1}{2\pi}\int_{-\infty}^{\infty} F_b(\sigma + j\omega)e^{j\omega t}\,d\omega$$

$$f(t) = \frac{1}{2\pi}\int_{-\infty}^{\infty} F_b(\sigma + j\omega)e^{(\sigma+j\omega)t}\,d\omega$$

令 $s = \sigma + j\omega$,$d\omega = ds/j$,有

$$F_b(s) = \int_{-\infty}^{\infty} f(t)e^{-st}\,dt$$

$$f(t) = \frac{1}{2\pi j}\int_{\sigma-j\infty}^{\sigma+j\infty} F_b(s)e^{st}\,ds$$

$F_b(s)$ 称为 $f(t)$ 的双边拉普拉斯变换(或象函数),$f(t)$ 称为 $F_b(s)$ 的双边拉普拉斯逆变换(或原函数)。

13.2.2 单边拉普拉斯变换

$$F(s) \stackrel{\text{def}}{=} \int_{0-}^{\infty} f(t)e^{-st}\,dt$$

$$f(t) \stackrel{\text{def}}{=} \left[\frac{1}{2\pi \mathrm{j}} \int_{\sigma-\mathrm{j}\infty}^{\sigma+\mathrm{j}\infty} F(s) \mathrm{e}^{st} \,\mathrm{d}s \right] \varepsilon(t)$$

13.2.3　常见函数的拉普拉斯变换

（1）$\delta(t) \longleftrightarrow 1, \sigma > -\infty$。

（2）$\varepsilon(t)$ 或 $1 \longleftrightarrow 1/s, \sigma > 0$。

（3）指数函数 $\mathrm{e}^{-s_0 t} \longleftrightarrow \dfrac{1}{s+s_0}, \sigma > -\mathrm{Re}[s_0]$

$$\cos\omega_0 t = (\mathrm{e}^{\mathrm{j}\omega_0 t} + \mathrm{e}^{-\mathrm{j}\omega_0 t})/2 \longleftrightarrow \frac{s}{s^2 + \omega_0^2}$$

$$\sin\omega_0 t = (\mathrm{e}^{\mathrm{j}\omega_0 t} - \mathrm{e}^{-\mathrm{j}\omega_0 t})/2\mathrm{j} \longleftrightarrow \frac{\omega_0}{s^2 + \omega_0^2}$$

（4）周期信号 $f_T(t)$

$$F_T(s) = \int_0^\infty f_T(t) \mathrm{e}^{-st} \,\mathrm{d}t$$

$$= \int_0^T f_T(t) \mathrm{e}^{-st} \,\mathrm{d}t + \int_T^{2T} f_T(t) \mathrm{e}^{-st} \,\mathrm{d}t + \cdots = \sum_{n=0}^\infty \int_{nT}^{(n+1)T} f_T(t) \mathrm{e}^{-st} \,\mathrm{d}t$$

令

$$t = t + nT \sum_{n=0}^\infty \mathrm{e}^{-nsT} \int_0^T f_T(t) \mathrm{e}^{-st} \,\mathrm{d}t = \frac{1}{1 - \mathrm{e}^{-sT}} \int_0^T f_T(t) \mathrm{e}^{-st} \,\mathrm{d}t$$

特例为 $\delta_T(t) \longleftrightarrow 1/(1 - \mathrm{e}^{-sT})$。

13.2.4　拉普拉斯变换性质

1. 线性性质

若 $f_1(t) \longleftrightarrow F_1(s)$ $\mathrm{Re}[s] > \sigma_1$, $f_2(t) \longleftrightarrow F_2(s)$ $\mathrm{Re}[s] > \sigma_2$, 则 $a_1 f_1(t) + a_2 f_2(t)$ $\longleftrightarrow a_1 F_1(s) + a_2 F_2(s)$ $\mathrm{Re}[s] > \max(\sigma_1, \sigma_2)$。

2. 尺度变换

若 $f(t) \longleftrightarrow F(s)$, $\mathrm{Re}[s] > \sigma_0$, 且有实数 $a > 0$, 则 $f(at) \longleftrightarrow \dfrac{1}{a} F\left(\dfrac{s}{a}\right)$。

证明

$$L[f(at)] = \int_{0_-}^\infty f(at) \mathrm{e}^{-st} \,\mathrm{d}t$$

令 $\tau = at$, 则

$$L[f(at)] = \int_{0_-}^\infty f(\tau) \mathrm{e}^{-\left(\frac{s}{a}\right)\tau} \,\mathrm{d}\left(\frac{\tau}{a}\right) = \frac{1}{a} \int_{0_-}^\infty f(\tau) \mathrm{e}^{-\left(\frac{s}{a}\right)\tau} \,\mathrm{d}\tau = \frac{1}{a} F\left(\frac{s}{a}\right) = \frac{1}{a} F\left(\frac{s}{a}\right)$$

3. 时移特性

若 $f(t) \longleftrightarrow F(s), \mathrm{Re}[s] > \sigma_0$，且有实常数 $t_0 > 0$，则 $f(t-t_0)\varepsilon(t-t_0) \longleftrightarrow$ $\mathrm{e}^{-s_0} f(s), \mathrm{Re}[s] > \sigma_0$。

4. 复频移特性

若 $f(t) \longleftrightarrow F(s), \mathrm{Re}[s] > \sigma_0$，且有复常数 $s_a = \sigma_a + \mathrm{j}\omega_a$，则 $f(t)\mathrm{e}^{sat} \longleftrightarrow F(s-s_a)$，$\mathrm{Re}[s] > \sigma_0 + \sigma_a$。

5. 时域的微分特性

若 $f(t) \longleftrightarrow F(s), \mathrm{Re}[s] > \sigma_0$，则 $f'(t) \longleftrightarrow sF(s) - f(0_-)$。
证明

$$\int_{0_-}^{\infty} f'(t)\mathrm{e}^{-st}\mathrm{d}t = f(t)\mathrm{e}^{-st}\Big|_{0_-}^{\infty} - \left[\int_{0_-}^{\infty} - sf(t)\mathrm{e}^{-st}\right]\mathrm{d}t$$
$$= -f(0_-) + sF(s)$$

6. 时域积分特性

若 $L[f(t)] = F(s)$，则 $L\left[\int_{-\infty}^{t} f(\tau)\mathrm{d}\tau\right] = \dfrac{F(s)}{s} + \dfrac{f^{(-1)}(0_-)}{s}$。
证明

$$\int_{-\infty}^{t} f(\tau)\mathrm{d}\tau = \int_{-\infty}^{0_-} f(\tau)\mathrm{d}\tau + \int_{0_-}^{t} f(\tau)\mathrm{d}\tau$$

(1) $f^{(-1)}(0_-) \to \dfrac{f^{(-1)}(0_-)}{s}$。

(2) $\displaystyle\int_{0}^{\infty}\left[\int_{0_-}^{t} f(\tau)\mathrm{d}\tau\right]\mathrm{e}^{-st}\mathrm{d}t = \left[-\frac{\mathrm{e}^{-st}}{s}\int_{0_-}^{t} f(\tau)\mathrm{d}\tau\right]_{0}^{\infty} + \frac{1}{s}\int_{0_-}^{t} f(t)\mathrm{e}^{-st}\mathrm{d}t$

$$= \frac{1}{s}\int_{0_-}^{t} f(t)\mathrm{e}^{-st}\mathrm{d}t = \frac{F(s)}{s}$$

7. 卷积定理

若因果函数 $f_1(t) \longleftrightarrow F_1(s), \mathrm{Re}[s] > \sigma_1, f_2(t) \longleftrightarrow F_2(s), \mathrm{Re}[s] > \sigma_2$，则 $f_1(t) * f_2(t) \longleftrightarrow F_1(s)F_2(s)$。

8. S 域微分和积分

若 $f(t) \longleftrightarrow F(s), \mathrm{Re}[s] > \sigma_0$，则 $(-t)f(t) \longleftrightarrow \dfrac{\mathrm{d}F(s)}{\mathrm{d}s}, (-t)^n f(t) \longleftrightarrow \dfrac{\mathrm{d}^n F(s)}{\mathrm{d}s^n}$，

$\dfrac{f(t)}{t} \longleftrightarrow \displaystyle\int_{s}^{\infty} F(\eta)\mathrm{d}\eta$。

9. 初值定理和终值定理

(1)初值定理:设函数 $f(t)$ 不含 $\delta(t)$ 及其各阶导数(即 $F(s)$ 为真分式,若 $F(s)$ 为假分式化为真分式),则 $f(0_+) = \lim_{t \to 0_+} f(t) = \lim_{s \to \infty} sF(s)$。

(2)终值定理:若 $f(t)$ 当 $t \to \infty$ 时存在,并且 $f(t) \longleftrightarrow F(s)$,$\mathrm{Re}[s] > \sigma_0$,$\sigma_0 < 0$,则 $f(\infty) = \lim_{s \to 0} sF(s)$。

13.2.5 微分方程的变换解

描述 n 阶系统的微分方程的一般形式为 $\sum_{i=0}^{n} a_i y^{(i)}(t) = \sum_{j=0}^{m} b_j f^{(j)}(t)$,系统的初始状态为 $y(0_-), y^{(1)}(0_-), \cdots, y^{(n-1)}(0_-)$。

用拉普拉斯变换微分特性 $y^{(i)}(t) \longleftrightarrow s^i Y(s) - \sum_{p=0}^{i-1} s^{i-1-p} y^{(p)}(0_-)$,若 $f(t)$ 在 $t = 0$ 时接入系统,则 $f^{(j)}(t) \longleftrightarrow s^j F(s)$。

$$\Big[\sum_{i=0}^{n} a_i s^i \Big] Y(s) - \sum_{i=0}^{n} a_i \Big[\sum_{p=0}^{i-1} s^{i-1-p} y^{(p)}(0_-) \Big] = \Big[\sum_{j=0}^{m} b_j s^j \Big] F(s)$$

$$Y(s) = \frac{M(s)}{A(s)} + \frac{B(s)}{A(s)} F(s) = Y_{zi}(s) + Y_{zs}(s)$$

13.2.6 系统函数

系统函数 $H(s)$ 定义为 $H(s) \stackrel{\text{def}}{=} \frac{Y_{zs}(s)}{F(s)} = \frac{B(s)}{A(s)}$,它只与系统的结构、元件参数有关,而与激励、初始状态无关

$$y_{zs}(t) = h(t) * f(t), \quad Y_{zs}(s) = L[h(t)]F(s)。$$

13.3　MATLAB 函数

(1)laplace 函数:求函数的拉普拉斯变换。

L=laplace(F):函数 F 默认为变量 t 的函数,返回函数 L 为 s 的函数。在调用该函数时,要用 syms 命令定义符号变量 t。

(2)ilaplace 函数:求拉普拉斯逆变换。

L=ilaplace(F)

(3)ezplot 函数:用符号型函数的绘图函数。

ezplot(f):f 为符号型函数。

ezplot(f,[min,max]):可指定横轴范围。

ezplot(f,[xmin,xmax,ymin,ymax]):可指定横轴范围和纵轴范围。

ezplot(x,y):绘制参数方程的图像,默认 x＝x(t),y＝y(t),0＜t＜2π。

13.4　实验内容与方法

1.使用 MATLAB 函数求出下列函数的拉普拉斯变换,并标出收敛域

已知信号为$(t+2)u(t)$,求其拉普拉斯变换。

MATLAB 函数程序如下:

```
clear all;
close all;
syms t;
y= laplace(t+ 2);
```

2.使用 MATLAB 函数画出下列系统函数的零极点图,并判断该系统的稳定性

$(1)H(s)=s+2/s^3+s^2+2s+6$。

$(2)H(s)=2s^2+1/3s^3+5s^2+4s+6$。

$(3)H(s)=s+2/s^4+2s^2+3s+1$。

MATLAB 程序如下:

(1)
```
clear all;
close all;
b= [1,2];
a= [1,1,2,6];
zplane(b,a);
legend('零点','极点');
```

(2)
```
clear all;
close all;
b= [2,0,1];
a= [3,5,4,6];
zplane(b,a);
legend('零点','极点');
```

(3)
```
clear all;
close all;
b= [1,2];
a= [1,0,2,3,1];
```

```
zplane(b,a);
legend('零点','极点');
```

3. 使用 MATLAB 函数求解系统的稳态响应

已知系统的转移函数为 $H(s)=s+3/s^2+3s+2$,求输入为 $\cos(2t+\pi/4)u(t)$ 时的稳态响应。

MATLAB 程序如下:

```
clear all;
close all;
syms s t;
Hs= sym('(s+ 3)/(s^2+ 3* s+ 2)');
Vs= laplace(cos(2* t+ pi/4));
Vos= Hs* Vs;
Vo= ilaplace(Vos);
Vo= vpa(Vo,4);
ezplot(Vo,[1,10]);
hold on;
ezplot('cos(2* t+ pi/4)',[1,10]);
axis([1,10,- 1,1.3]);
```

4. 使用 MATLAB 完成下列设计

已知系统传输函数为 $H(s)=s/s^2+3s+2$,使用拉普拉斯变换求解:
(1)该系统的冲击响应。
(2)该系统的阶跃响应。
(3)对于输入为 $\cos(20t)u(t)$ 的零状态响应。
(4)对于输入为 $e^{-t}u(t)$ 的零状态响应。

5. 确定系统的零极点,并画出零极点分布图,确定其阶跃响应

已知系统的传输函数为 $H(s)=(s^4+s^3-3s^2+s+4)/5s^8+2s^7-s^6-3s^5+5s^4+2s^3-4s^2+2s-1$,试确定其零极点,画出零极点分布图,确定其阶跃响应。

6. 求该系统的零状态响应

对于 LTI 系统的传输函数
$$R^{(2)}(t)+8R^{(1)}(t)+16R(t)=e^{(3)}(t)+2e^{(1)}(t)+e(t)$$
若其输入函数如图 13-1 所示,求该系统的零状态响应。

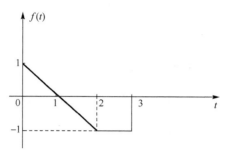

图 13-1　输入函数

13.5　实验要求

1. 在计算机中输入程序,验证实验结果。

2. 通过对验证性实验,自行编制 MATLAB 程序,并得出实验结果。

3. 在实验报告中写出完整的自编程序,并给出实验结果。

第 14 章　离散时间系统的时域分析

14.1　实　验　目　的

1. 掌握 MATLAB 中 conv、impz、filter、freqz 函数等的功能及使用方法。
2. 熟悉离散时间序列卷积和、离散系统单位序列响应的 MATLAB 实现方法。
3. 熟悉差分方程迭代解法的 MATLAB 实现。
4. 熟悉使用 MATLAB 卷积函数求解离散时间系统的零状态响应。
5. 通过实验,掌握离散时间系统的时域基本分析方法及编程思想,能够独立完成程序设计试验。

14.2　实　验　原　理

14.2.1　差分方程的经典解

对于差分方程 $y(k)+a_{n-1}y(k-1)+\cdots+a_0 y(k-n)=b_m f(k)+\cdots+b_0 f(k-m)$,与微分方程经典解类似,$y(k)=y_h(k)+y_p(k)$,分为其次解 $y_h(k)$ 和特解 $y_p(k)$。

1. 齐次解

齐次方程

$$y(k)+a_{n-1}y(k-1)+\cdots+a_0 y(k-n)=0$$

特征方程

$$1+a_{n-1}\lambda^{-1}+\cdots+a_0\lambda^{-n}=0$$

即

$$\lambda^n+a_{n-1}\lambda^{n-1}+\cdots+a_0=0$$

其根 $\lambda_i(i=1,2,\cdots,n)$ 称为差分方程的特征根。根据特征根,齐次解有如下两种情况:

(1)无重根,$\lambda_1\neq\lambda_2\neq\cdots\neq\lambda_n$,$n$ 阶方程

$$y_h(k)=C_1(\lambda_1)^k+C_2(\lambda_2)^k+\cdots+C_n(\lambda_n)^k$$

(2)有重根,特征根 λ 为 r 重根时

$$y_h(k)=(C_{r-1}k^{r-1}+C_{r-2}k^{r-2}+\cdots+C_1 k+C_0)\lambda^k$$

2. 特解

特解的形式与激励的形式有关，如表 14-1 所示。

表 14-1　特解的表达式

激励 $f(k)$	响应 $y(k)$ 的特解 $y_p(k)$
F（常数）	P（常数）
k^m	$P_m k^m + P_{m-1} k^{m-1} + \cdots + P_1 k + P_0$（特征根均不为 1） $k^r(P_m k^m + P_{m-1} k^{m-1} + \cdots + P_1 k + P_0)$（有 r 重为 1 的特征根）
a^k	Pa^k（a 不等于特征根） $(P_1 k + P_0)a^k$（a 等于特征单根） $(P_r k^r + P_{r-1} k^{r-1} + \cdots + P_0)a^k$（$a$ 等于 r 重特征根）
$\cos(\beta k)$ 或 $\sin(\beta k)$	$P_1 \cos(\beta k) + P_2 \sin(\beta k)$（特征根不等于 $e^{\pm j\beta}$）

14.2.2　零输入响应和零状态响应

$$y(k) = y_{zi}(k) + y_{zs}(k)$$

（1）零输入响应：输入为零，差分方程为齐次。

齐次解形式为 $C(\lambda)^k$，C 由初始状态定（相当于 0_- 的条件）。

（2）零状态响应：初始状态为 0，即

$$y_{zs}(-1) = y_{zs}(-2) = \cdots = 0$$

可以由经典法和卷积法求得。

14.2.3　卷积和

已知定义在区间 $(-\infty, \infty)$ 上的两个函数 $f_1(k)$ 和 $f_2(k)$，则定义和 $f(k) = \sum_{i=-\infty}^{\infty} f_1(i) f_2(k-i)$ 为 $f_1(k)$ 与 $f_2(k)$ 的卷积和，简称卷积，记为 $f(k) = f_1(k) * f_2(k)$。

注意，求和是在虚设的变量 i 下进行的，i 为求和变量，k 为参变量，结果仍为 k 的函数

$$y_{zs}(k) = \sum_{i=-\infty}^{\infty} f(i) h(k-i) = f(k) * h(k)$$

性质：

（1）$f(k) * \delta(k) = f(k)$，$f(k) * \delta(k-k_0) = f(k-k_0)$。

（2）$f(k) * \varepsilon(k) = \sum_{i=-\infty}^{k} f(i)$。

（3）$f_1(k-k_1) * f_2(k-k_2) = f_1(k-k_1-k_2) * f_2(k)$。

14.2.4 差分方程的变换解

单边 z 变换将系统的初始条件自然地包含于其代数方程中,可求得零输入、零状态响应和全响应

$$\sum_{i=0}^{n} a_{n-i} y(k-i) = \sum_{j=0}^{m} b_{m-j} f(k-j)$$

设 $f(k)$ 在 $k=0$ 时接入,系统初始状态为 $y(-1),y(-2),\cdots,y(-n)$。取单边 z 变换得

$$\sum_{i=0}^{n} a_{n-i} \Big[z^{-i} Y(z) + \sum_{k=0}^{i-1} y(k-i) z^{-i} \Big] = \sum_{j=0}^{m} b_{m-j} \big[z^{-j} F(z) \big]$$

整理得到

$$\Big[\sum_{i=0}^{n} a_{n-i} z^{-i} \Big] Y(z) + \sum_{i=0}^{n} a_{n-i} \Big[\sum_{k=0}^{i-1} y(k-i) z^{-k} \Big] = \Big(\sum_{j=0}^{m} b_{m-j} z^{-j} \Big) F(z)$$

进一步整理得到

$$Y(z) = \frac{M(z)}{A(z)} + \frac{B(z)}{A(z)} F(z) = Y_{zi}(z) + Y_{zs}(z)$$

$$H(z) = \frac{Y_{zs}(z)}{F(z)} = \frac{B(z)}{A(z)}$$

称为系统函数。

14.3 MATLAB 函数

(1)conv 函数:实现信号的卷积运算。调用方法 $w = conv(u,v)$,计算两个有限长度序列的卷积,该函数假定两个序列都从零开始。

(2)impz 函数:求离散系统单位序列响应,并绘出其时域波形。

impz(b,a):以默认方式绘出向量 a、b 定义的离散系统的单位序列响应的离散时域波形。

impz(b,a,n):绘出由向量 a、b 定义的离散系统在 0—n(n 必须为整数)离散时间范围内的单位序列响应的时域波形图。

impz(b,a,n1:n2):绘出由向量 a、b 定义的离散系统在 n1—n2(n1,n2 必须为整数,且 n1<n2)离散时间范围内的单位序列响应的时域波形。

y= impz(b,a,n1:n2):求得由向量 a、b 定义的离散系统在 n1—n2 离散时间范围内的单位序列响应的数值。

(3)filter 函数:对输入数据进行数字滤波。

y=filter(b,a,x):返回向量 a、b 定义的离散系统在输入为 x 时的零状态响应。如果 x 是一个矩阵,那么函数 filter 对矩阵 x 的列进行操作,如果 x 是一个 n 维数组,函数 filter 对数组中的一个非零值进行操作。

　　[y,zf]＝filter(b,a,x):返回一个状态向量的最终值 zf。

　　[y,zf]＝filter(b,a,x,zi):指定了滤波器的初始状态向量 zi。

　　[y,zf]＝filter(b,a,x,zi,dim):给定 x 中要进行滤波的维数 dim,如果要使用零状态响应,则将 zi 设为空向量。

　　(4)freqz 函数:计算离散时间系统的频率响应。

　　[h,w]＝freqz(b,a):返回向量 a、b 定义的离散系统频率响应的值与对应的频率。

14.4　实验内容与方法

1. 使用 conv 函数,实现离散时间序列的卷积和运算

　　已知 $f_1(k)=\{0,2,1\}$,对应的 $k_1=\{-1,0,1\}$;$f_2(k)=\{1,1,2,2,2\}$,对应的 $k_2=\{-2,-1,0,1,2\}$。

　　MATLAB 程序如下:

```
clear all;
close all;
f1= [0,2,1];
f2= [1,1,2,2,2];
k1= [- 1,0,1];
k2= [- 2,- 1,0,1,2];
y= conv(f1,f2); % 作卷积
nstart= k1(1)+ k2(1);   % 得到卷积开始点
nend= k1(length(f1))+ k2(length(f2)); % 得到卷积终点
ny= [nstart:nend];
stem(ny,y);
xlabel('ny');
ylabel('y');
title('离散信号的卷积');
```

2. 使用迭代方法,求离散时间系统的全响应

　　已知离散系统的差分方程为 $3y(n)+5y(n-1)+4y(n-2)=2^n u(n)$,初始条件为 $y(0)=0,y(1)=1$,画出该系统的全响应 $y(k)$ 的波形。

　　MATLAB 程序如下:

```
clear all;
close all;
y0= 0;
```

```
y(1)= 1;
y(2)= 4/3- 5/3* y(1)- 4/3* y0;
for k= 3:20;
y(k)=  4/3- 5/3* y(k- 1)- 4/3* y(k- 2);
end
yy= [y0 y(1:20)]; % 得到完整的 y 函数离散值
k= 1:21;
stem(k- 1,yy);
grid on;
xlabel('k');
ylabel('y(k)');
title('系统全响应');
```

3. 使用函数 impz 编程,求离散时间系统的单位序列响应

离散系统的差分方程为 $y(k)-3y(k-1)+2y(k-2)=f(k)-f(k-1)$,对应的向量为 $a=[1,-3,2]$,$b=[1,-1]$,画出该系统的单位序列响应 $h(k)$ 的波形。

MATLAB 程序如下:

```
clear all;
close all;
a= [1,- 3,2];
b= [1,- 1];
impz(b,a);
```

4. 使用函数 filter 编程,求差分方程单脉冲响应的波形

差分方程为

$$y(k)+0.9y(k-1)-0.6y(k-2)-0.5y(k-3)$$
$$=0.8f(k)-0.5f(k-1)+0.3f(k-2)+0.01f(k-3)$$

计算输入序列为 $f(k)=\delta(k)$ 时的输出结果 $y(k)$,其中 $0\leqslant k\leqslant40$。求差分方程单脉冲响应的波形。

MATLAB 程序如下:

```
clear all;
close all;
N= 41;
a= [0.8 - 0.5 0.3 0.01];
b= [ 1   0.9 - 0.6 - 0.5];
x= [1 zeros(1,N- 1)];
```

```
k= 0:1:N- 1;
y= filter(a,b,x);
stem(k,y);
xlabel('n');
ylabel('幅度');
```

5.使用卷积和方法求解离散系统的零状态响应

已知离散时间系统,激励 $f(k)=4ku(k)$,单位序列响应 $h(k)=2^k u(k)$,画出该系统的零状态响应 $y_f(k)$ 在有限区间 $0{\leqslant}k{\leqslant}39$ 的波形。

MATLAB 程序如下:

```
clear all;
close all;
for k= 1:20;
  f1(k)= 4* k;
  f2(k)= 2^k;
end
y= conv(f1,f2);
y0= 0;
yf= [y0 y(1:39)];
ny= 1:40;
stem(ny- 1,yf);
grid on;
xlabel('ny');
ylabel('yf');
title('离散系统的零状态响应');
```

6.按照要求完成实验,写出 MATLAB 程序

(1)已知离散序列
$$f_1(k) = 2k+4, \quad -1 \leqslant k \leqslant 4, \quad f_2(k) = 5^k, \quad 1 \leqslant k \leqslant 5$$
求出两序列的卷积和并画出波形。

(2)已知离散差分方程
$$5y(k) - 3y(k-1) + y(k-2) = 6f(k) + 3f(k-1) + 2f(k-2)$$
请画出该系统在[0,40]区间内的单位序列响应 $h(k)$,并求出数值解。

(3)离散系统的传输算子 $H(Z)=Z/Z^2+3Z+2$,激励为零时 $y(0)=1,y(1)=2$,当激励为 $x(k)=2^k u(k)$,求:

①系统的零输入响应并画出波形图;

②系统的零状态响应并画出波形图；

③系统的完全响应并画出波形图。

14.5　实验要求

1. 在计算机中输入程序,验证实验结果。

2. 通过对验证性实验,自行编制 MATLAB 程序,并得出实验结果。

3. 在实验报告中写出完整的自编程序,并给出实验结果。

第15章 离散时间系统的 z 域分析

15.1 实 验 目 的

1.掌握离散时间信号 z 变换和逆 z 变换的实现方法及 MATLAB 编程思想。

2.掌握系统频率响应函数的幅频特性、相频特性和系统函数零极点图的绘制方法。

3.掌握 ztrans、iztrans、zplane、dimpulse、dstep 和 freqz 函数的调用格式及作用。

4.了解利用零极点图判断系统稳定性的原理。

15.2 实 验 原 理

15.2.1 从拉普拉斯变换到 z 变换

对连续信号进行均匀冲激取样后,就得到离散信号。取样信号为

$$f_S(t) = f(t)\delta_T(t) = \sum_{k=-\infty}^{\infty} f(kT)\delta(t - kT)$$

两边取双边拉普拉斯变换,得到

$$F_{Sb}(s) = \sum_{k=-\infty}^{\infty} f(kT) e^{-kTs}$$

令 $z = e^{sT}$,上式将成为复变量 z 的函数,用 $F(z)$ 表示,$f(kT) \rightarrow f(k)$,得 $F(z) = \sum_{k=-\infty}^{\infty} f(k)z^{-k}$,称为 $f(k)$ 的双边 z 变换;$F(z) = \sum_{k=0}^{\infty} f(k)z^{-k}$,称为 $f(k)$ 的单边 z 变换。

15.2.2 收敛域

z 变换定义为一无穷幂级数之和,显然只有当该幂级数收敛,即 $\sum_{k=-\infty}^{\infty} |f(k)z^{-k}| < \infty$ 时,其 z 变换才存在。上式称为绝对可和条件,它是序列 $f(k)$ 的 z 变换存在的充分必要条件。

收敛域的定义:对于序列 $f(k)$,满足 $\sum_{k=-\infty}^{\infty} |f(k)z^{-k}| < \infty$,所有 z 值组成的集合称为 z 变换 $F(z)$ 的收敛域。

15.2.3　z 变换的性质

1.线性性质

若 $f_1(k) \longleftrightarrow F_1(z), \alpha_1 < |z| < \beta_1, f_2(k) \longleftrightarrow F_2(z), \alpha_2 < |z| < \beta_2,$ 对任意常数 a_1、a_2,则

$$a_1 f_1(k) + a_2 f_2(k) \longleftrightarrow a_1 F_1(z) + a_2 F_2(z)$$

其收敛域至少是 $F_1(z)$ 与 $F_2(z)$ 收敛域的相交部分。

2.移位特性

1) 双边 z 变换的移位

若 $f(k) \longleftrightarrow F(z), \alpha < |z| < \beta,$ 且对整数 $m > 0,$ 则 $f(k \pm m) \longleftrightarrow z^{\pm m} F(z),\ \alpha < |z| < \beta$。

2)单边 z 变换的移位

后向移位：

若 $f(k) \longleftrightarrow f(z),\ |z| > \alpha,$ 且有整数 $m > 0,$ 则

$$f(k-1) \longleftrightarrow z^{-1} F(z) + f(-1)$$

$$f(k-2) \longleftrightarrow z^{-2} F(z) + f(-2) + f(-1) z^{-1}$$

$$\vdots$$

$$f(k-m) \longleftrightarrow z^{-m} F(z) + \sum_{k=0}^{m-1} f(k-m) z^{-k}$$

前向移位：

$$f(k+1) \longleftrightarrow z F(z) - f(0) z$$

$$f(k+2) \longleftrightarrow z^2 F(z) - f(0) - f(1) z$$

$$\vdots$$

$$f(k+m) \longleftrightarrow z^m F(z) - \sum_{k=0}^{m-1} f(k) z^{m-k}$$

3.序列乘 a^k（z 域尺度变换）

若 $f(k) \longleftrightarrow F(z), \alpha < |z| < \beta,$ 且有常数 $a \neq 0,$ 则 $a^k f(k) \longleftrightarrow F(z/a), \alpha |a| < |z| < \beta |a|$。

4.卷积定理

若 $f_1(k) \longleftrightarrow F_1(z), \alpha_1 < |z| < \beta_1, f_2(k) \longleftrightarrow F_2(z), \alpha_2 < |z| < \beta_2,$ 则 $f_1(k) * f_2(k) \longleftrightarrow F_1(z) F_2(z),$ 其收敛域一般为 $F_1(z)$ 与 $F_2(z)$ 收敛域的相交部分。

5.序列乘 k(z 域微分)

若 $f(k) \longleftrightarrow F(z)$,$\alpha < |z| < \beta$,则 $kf(k) \longleftrightarrow -z\dfrac{\mathrm{d}}{\mathrm{d}z}F(z)$,$\alpha < |z| < \beta$。

6.序列除 $(k+m)$(z 域积分)

若 $f(k) \longleftrightarrow F(z)$,$\alpha < |z| < \beta$,设有整数 m,且 $k+m > 0$,则 $\dfrac{f(k)}{k+m} \longleftrightarrow$

$z^m \displaystyle\int_z^\infty \dfrac{F(\eta)}{\eta^{m+1}}\mathrm{d}\eta$,$\alpha < |z| < \beta$。

7.k 域反转(仅适用双边 z 变换)

若 $f(k) \longleftrightarrow F(z)$,$\alpha < |z| < \beta$,则 $f(-k) \longleftrightarrow F(z^{-1})$,$1/\beta < |z| < 1/\alpha$。

8.部分和

若 $f(k) \longleftrightarrow F(z)$,$\alpha < |z| < \beta$,则 $\displaystyle\sum_{i=-\infty}^{k} f(i) \longleftrightarrow \dfrac{z}{z-1}F(z)$,$\max(\alpha,1) < |z| < \beta$。

9.初值定理和终值定理

(1)初值定理适用于右边序列,即适用于 $k < M$(M 为整数)时 $f(k) = 0$ 的序列。它用于由象函数直接求得序列的初值 $f(M)$,$f(M+1)$,$\cdots$,而不必求得原序列。

初值定理:

如果序列在 $k < M$ 时,$f(k) = 0$,它与象函数的关系为 $f(k) \longleftrightarrow F(z)$,$\alpha < |z| < \infty$,则序列的初值 $f(M) = \lim\limits_{z\to\infty} z^m F(z)$,对因果序列 $f(k)$,$f(0) = \lim\limits_{z\to\infty} F(z)$。

(2)终值定理适用于右边序列,用于由象函数直接求得序列的终值,而不必求得原序列。

终值定理:

如果序列在 $k < M$ 时,$f(k) = 0$,它与象函数的关系为 $f(k) \longleftrightarrow F(z)$,$\alpha < |z| < \infty$ 且 $0 \leqslant \alpha < 1$,则序列的终值 $f(\infty) = \lim\limits_{k\to\infty} f(k) = \lim\limits_{z\to 1} \dfrac{z-1}{z}F(z) = \lim\limits_{z\to 1}(z-1)F(z)$。

15.2.4　系统稳定性的判断

对于一个可观可控的离散时间系统,可以根据系统函数来判断系统的稳定性,常用方法有两种。

1.根据 $H(z)$ 的极点分布判断稳定性

由 $H(z)$ 零、极点分布与 $h(k)$ 形式之间的关系研究已知,对于稳定的因果系统,其收敛域为 $|z| \geqslant 1$,即 $H(z)$ 的全部极点应落在单位圆内。而对于非因果系统,由于它的收敛域并不是圆内区域,因此 $H(z)$ 的全部极点不应要求限制于单位圆之内。限于讨论因果系统的稳定性,所以若 $H(z)$ 的极点全部位于 z 平面单位圆内,则由 $H(z)$ 描述的系统一定稳定。

2.根据 $H(z)$ 的分母多项式判断稳定性

由 $H(z)=B(z)/A(z)$ 的极点判断系统稳定性需要求出特征方程

$$A(z)=0$$

的全部根,然后由其在 z 平面的位置判断稳定性。

15.3　MATLAB 函数

(1)变换函数 ztrans:实现信号 $f(k)$ 的(单边)z 变换。

F＝ztrans(f):实现函数 f(n) 的 z 变换,默认返回函数 F 是关于 z 的函数。

F＝ztrans(f,w):实现函数 f(n) 的 z 变换,默认返回函数 F 是关于 w 的函数。

F＝ztrans(f,k,w):实现函数 f(n) 的 z 变换,默认返回函数 F 是关于 w 的函数。

(2)单边逆 z 变换函数 iztrans:实现信号 $F(z)$ 的逆 z 变换。

f＝iztrans(F):实现函数 F(z) 的逆 z 变换,默认返回函数 f 是关于 n 的函数。

f＝iztrans(F,k):实现函数 F(z) 的逆 z 变换,默认返回函数 f 是关于 k 的函数。

f＝iztrans(F,w,k):实现函数 F(z) 的逆 z 变换,默认返回函数 f 是关于 k 的函数。

(3)离散系统频率响应函数 freqz。

[H,w]＝freqz(B,A,N):其中 B、A 分别是该离散系统系统函数的分子、分母多项式的系数向量,N 为正整数,返回向量 H 则包含了离散系统频率响应 $H(e^{j\theta})$ 在 $0\sim\pi$ 范围内 N 个频率函数等分点的值,向量 θ 为 $0\sim\pi$ 范围内的 N 个频率等分点,默认为 512。

[H,w]＝freqz(B,A,N,'whole'):计算离散系统在 $0\sim2\pi$ 范围内 N 个频率等分点的频率响应 $H(e^{j\theta})$ 的值。

使用 freqz 函数之后,可以利用 abs 函数、angle 函数及 plot 命令,绘出该系统的幅频特性曲线和相频特性曲线,没有输出量的 freqz 函数将自动绘制幅频和相频曲线。

(4)零极点绘图函数 zplane。

zplane(Z,P):以单位圆为参考圆绘制 Z 为零点列向量、P 为极点列向量的零极点图,若有重复点,在重复点右上角以数字标出重数。

zplane(B,A):B、A 分别是传递函数 H(Z)按 Z^{-1} 的升幂排列的分子分母系数行向量,若 B、A 同为标量,如 B 为零点,则 A 为极点 。

(5)单位脉冲响应绘图函数 dimpulse。

dimpulse(B,A):绘制传递函数 H(Z)的单位脉冲响应图,其中 B、A 分别为传递函数 H(Z)按 Z^{-1} 的升幂排列的分子分母系数行向量。

dimpulse(B,A,N):同上,N 为指定的单位脉冲响应序列函数。

(6)单位阶跃响应绘图函数 dstep。

dstep(B,A):绘制传递函数 H(Z)的单位脉冲响应图,其中 B、A 分别是传递函数 H(Z)按 Z^{-1} 的升幂排列的分子分母系数行向量。

dstep(B,A,N):同上,N 为指定的单位阶越响应序列函数。

(7)数字滤波单位脉冲响应函数 impz。

[h,t]=impz(B,A):B、A 分别是传递函数 H(Z) 按 Z^{-1} 的升幂排列的分子分母系数行向量。h 为单位脉冲响应的样值,t 为采样序列。

[h,t]=impz(B,A,N):同上,N 为标量是指定的单位阶跃响应序列的点数,N 为矢量时,t=N,为采样序列。

(8)极点留数分解函数 residuez。

[r,p,k]=residuez(B,A):B、A 分别是传递函数 H(Z) 按 Z^{-1} 的升幂排列的分子分母系数行向量。R 为极点对应系数,p 为极点,k 为有限项对应系数。

15.4　实验内容与方法

1.求离散信号的 z 变换

确定信号 $f_1(k)=\cos(2k)u(k)$,$f_2(k)=(1/2)^k u(k)$ 的 z 变换。

MATLAB 程序如下:

```
clear all;
close all;
syms n;
f1= (1/2)^n;
f1_z= ztrans(f1);
f2= cos(2* n);
f2_z= ztrans(f2);
```

2.由逆 z 变换求得系统的零状态响应

已知离散系统的激励函数为 $f(k)=(-1)^k u(k)$,单位序列响应 $h(k)=[(1/2)^k+(1/3)*3^k]u(k)$,采用变换域分析方法确定系统的零状态响应。

MATLAB 程序如下：

```
clear all;
close all;
syms k;
f= (- 1)^k;
f_z= ztrans(f);
h= (1/2)^k+ 1/3* 3^k;
h_z= ztrans(h);
yf_z= f_z* h_z;
yf= iztrans(yf_z);
```

3.按照下列要求求解

对于一个离散系统,差分方程 $y(k)-3y(k-1)+2y(k-2)=x(k)+x(k-1)$,试确定:

(1)系统函数 $H(Z)$;

(2)单位序列响应 $h(k)$ 的数学表达式,并画出波形;

(3)画出单位阶跃响应的波形;

(4)画出频率响应函数 $H(e^{j\omega})$ 的幅频和相频特性曲线。

MATLAB 程序如下:

```
% (1)求系统函数 H(Z)
clear all;
close all;
A= [1 1];
B= [ 1 - 3 2];
Printsys(fliplr(A),fliplr(B),'1/Z');   % 得到系统函数
% (2) 单位序列响应 h(k)的数学表达式,并画出波形
subplot(221);
dimpulse(A,B,40);
ylabel('脉冲响应');
% (3) 画出单位阶跃响应的波形
subplot(222);
dstep(A,B,40);
ylabel('阶跃响应');
% (4) 画出频率响应函数 H(e^{jω})的幅频和相频特性曲线
[h,w]= freqz(A,B,1000,'whole');
subplot(223);
plot(w/pi,abs(h));
```

```
ylabel('幅频');
xlabel('\omega/\pi');
subplot(224);
plot(w/pi,angle(h));
ylabel('相频');
xlabel('\omega/\pi');
```

4. 用 MATLAB 画出离散系统的极点图

已知离散系统的系统函数为 $H(Z)=(Z^2-2Z)/(Z^2-1.5Z+0.5)$，求其零极点图，并求解 $h(k)$ 和 $H(e^{j\omega})$。

MATLAB 程序如下：

```
clear all;
close all;
b= [1 - 2 0];
a= [1 - 1.5 0.5];
subplot(3,1,1);
zplane(b,a);
num= [1 - 2 0];    % 系统函数的分子多项式
den= [1 - 1.5 0.5]; % 系统函数的分母多项式
h= impz(num,den);
subplot(3,1,2);
stem(h);
[H,w]= freqz(num,den);
subplot(3,1,3);
plot(w/pi,abs(H));
```

5. 按照下列要求求解

离散系统的函数为

$$H(Z) = (1-0.1z^{-1}-0.3z^{-2}-0.3z^{-3}-0.2z^{-4})$$
$$/(1+0.1z^{-1}+0.2z^{-2}+0.2z^{-3}+0.5z^{-4})$$

求其零点和极点，并画出极点和零点图。

MATLAB 程序如下：

```
clear all;
close all;
num= [1 - 0.1 - 0.3 - 0.3 - 0.2];
den= [1 0.1 0.2 0.2 0.5];
```

```
[z,p,k]= tf2zp(num,den); % 求得系统转移函数的零极点
m= abs(p);
disp('零点');
disp(z);
disp('极点');
disp(p);
disp('增益系数');
disp(k);
sos= zp2sos(z,p,k);
disp('二阶节');
disp(real(sos));
zplane(num,den);
```

6. 求解下列各题,并写出 MATLAB 程序

(1) 已知系统函数,画出零极点图,并判断系统的稳定性:

① $H(Z) = (Z^2 + Z - 1)/(Z^2 - Z + 1/2)$;

② $H(Z) = Z^3/(4Z^4 - 2Z^2 + 2)$。

(2) 使用 MATLAB 确定下列信号的 z 变换:

① $2^k \sin(\mathrm{pi} * k/4) u(k)$;

② $\cos(\mathrm{pi} * k/3) u(k)$。

(3) 使用 MATLAB 确定下列信号的逆 z 变换:

① $Z^2/(Z^2 + 3Z + 2)$;

② $Z^2 - 3Z + 8/(Z - 2)(Z + 2)(Z + 3)$;

③ $Z/(Z - 1)(Z - 2)$。

(4) 离散系统当激励 $x(k) = u(k)$ 时的零状态响应为

$$y(k) = [(1/2)^k - (-1/2)^k] u(k)$$

① 求系统函数 $H(Z)$;

② 求单位冲激响应 $h(k)$,并画出波形;

③ 画出频率响应函数 $H(\mathrm{e}^{\mathrm{j}\omega})$ 的幅频和相频特性曲线。

15.5　实 验 要 求

1. 在计算机中输入程序,验证实验结果。

2. 通过对验证性实验,自行编制 MATLAB 程序,并得出实验结果。

3. 在实验报告中写出完整的自编程序,并给出实验结果。

第16章 FIR数字滤波器的设计

16.1 实　验　目　的

1. 掌握 FIR 数字滤波器的具体方法及原理。

2. 掌握使用 MATLAB 进行低通、高通、带通和带阻 FIR 数字滤波器的设计方法和编程方法。

3. 熟悉 MATLAB 设计 FIR 数字滤波器的函数。

16.2 实　验　原　理

FIR 数字滤波器又叫有限冲激响应数字滤波器，FIR 滤波器的转移函数表达式为

$$H(z) = b(1) + b(2)z^{-1} + b(3)z^{-2} + \cdots + b(n_b + 1)z^{-n_b}$$

可以看出，FIR 滤波器只有零点，没有极点，所以 FIR 滤波器不能像 IIR 数字滤波器那样具有良好的通带与阻带衰减特性，但是 FIR 数字滤波器也有自己的特点：① 系统总是稳定的；② 容易实现线性相位；③ 容易实现多通带或多阻带滤波器。

FIR 数字滤波器的设计方法与 IIR 数字滤波器的设计方法完全不同，主要有窗函数法、频率抽样法和切比雪夫最佳一致逼近法。

16.2.1 窗函数法

一个理想数字滤波器的频率响应为 $H_d(e^{j\omega})$，对应的时域序列为滤波器的单位脉冲响应 $h_d(n)$，是无限长非因果的。

设计 FIR 就是要设计一个数字系统，去逼近理想数字滤波器的频率响应为 $H_d(e^{j\omega})$。窗函数法就是对无限长的 $h_d(n)$ 加窗（用窗函数与之相乘，从而使之变成有限长的）。

（1）构造希望逼近的频率响应函数 $H_d(e^{j\omega})$ 一般选择线性相位理想低通滤波器，即

$$H_d(e^{j\omega}) = \begin{cases} e^{-j\alpha\omega}, & |\omega| \leqslant \omega_c \\ 0, & \omega_c < |\omega| \leqslant \pi \end{cases}$$

（2）求出 $h_d(n)$

$$h_d(n) = \frac{1}{2\pi} \int_{-\pi}^{\pi} H_d(e^{j\omega}) e^{j\omega n} d\omega = \frac{1}{2\pi} \int_{-\omega_c}^{\omega_c} e^{-j\omega\alpha} e^{j\omega n} d\omega$$

$$= \frac{1}{2\pi j(n-\alpha)} \int_{-\omega_c}^{\omega_c} e^{j\omega(n-\alpha)} dj\omega(n-\alpha)$$

$$= \frac{e^{j\omega_c(n-\alpha)} - e^{-j\omega_c(n-\alpha)}}{2\pi j(n-\alpha)} = \frac{\sin\left(\omega_c(n-\alpha)\right)}{\pi(n-\alpha)}$$

（3）加窗得到 FIR 单位脉冲响应

$$h(n) = h_d(n) R_N(n)$$

（4）窗函数法的设计性能分析。

逼近误差与窗函数 $w(n)$ 直接相关，所以逼近误差实质上就是加窗的影响。设 $w(n)$ 为窗函数，用 $w_R(n)$ 表示矩形窗，$w_R(n) = R_N(n)$。因为 $h(n) = h_d(n) w_R(n)$，所以

$$H(e^{j\omega}) = FT[h(n)] = \frac{1}{2\pi} H_d(e^{j\omega}) * w_R(e^{j\omega})$$

16.2.2　典型窗口函数介绍

（1）矩形窗（Rectangle Window）

$$w_R(n) = R_N(n)$$

（2）三角形窗（Bartlett Window）

$$w_B(n) = \begin{cases} \dfrac{2n}{N-1}, & 0 \leqslant n \leqslant \dfrac{1}{2}(N-1) \\ 2 - \dfrac{2n}{N-1}, & \dfrac{1}{2}(N-1) < n \leqslant N-1 \end{cases}$$

（3）汉宁（Hanning）窗——升余弦窗

$$w_{Hn}(n) = 0.5\left[1 - \cos\left(\frac{2\pi n}{N-1}\right)\right] R_N(n)$$

（4）哈明（Hamming）窗——改进的升余弦窗

$$w_{Hm}(n) = \left[0.54 - 0.46\cos\left(\frac{2\pi n}{N-1}\right)\right] R_N(n)$$

（5）布莱克曼（Blackman）窗

$$w_{Bl}(n) = \left[0.42 - 0.5\cos\frac{2\pi n}{N-1} + 0.08\cos\frac{4\pi n}{N-1}\right] R_N(n)$$

（6）凯塞-贝塞尔窗（Kaiser-Basel Window）

以上五种窗函数都称为参数固定窗函数，每种窗函数的旁瓣幅度都是固定的。凯塞-贝塞尔窗是一种参数可调的窗函数，是一种最优窗函数。

$$w_k(n) = \frac{I_0(\beta)}{I_0(\alpha)}, \quad 0 \leqslant n \leqslant N-1$$

式中

$$\beta = \alpha \sqrt{1 - \left(\frac{2n}{N-1} - 1\right)^2}$$

16.2.3　频率抽样法

给定连续的理想的 $H_d(e^{j\omega})$，用

$$h_d(n) = \frac{1}{2\pi}\int_{-\pi}^{\pi} H_d(e^{j\omega}) e^{j\omega n}\, d\omega = \frac{1}{2\pi}\int_{-\omega_c}^{\omega_c} e^{j\omega n}\, d\omega = \frac{\sin(\omega_c n)}{\pi n}$$

$$h(n) = h_d(n)w(n), \quad n = 0, 1, \cdots, M$$

得到因果的、具有线性相位的 FIR 滤波器的传输函数 $h(n)$。

16.2.4　切比雪夫最佳一致逼近法

上述两种方法(窗函数法和频率抽样法)设计的 FIR 滤波器的频率响应都不理想，即通带不够平，阻带衰减不够大，过渡带过宽，频率边缘不能精确指定。因此我们要寻找新的设计方法。此方法即是切比雪夫最佳一致逼近法。该方法在数字信号处理中占有重要的定位，是设计 FIR 滤波器最理想的方法。

所谓最佳是指在同样滤波器阶数的情况下，由这种逼近所得到的滤波器的频率响应与希望的滤波器的频率响应的最大误差最小。设希望设计的滤波器幅度响应为 $H_d(e^{j\omega})$，实际逼近的幅度响应为 $H_g(e^{j\omega})$，加权误差为 $E(e^{j\omega})$

$$E(e^{j\omega}) = W(\omega)\left[H_d(\omega) - H_g(\omega)\right]$$

式中，$W(\omega)$ 称为预先指定的误差加权函数，用来说明滤波器各频带的不同逼近精度，一般要求误差小的频带取较大的值，而误差大的频带取较小的值。切比雪夫最佳逼近的设计准则是，选择 FIR 滤波器的单位脉冲响应 $h(n)$，使得在所指定的频带(包括通带和阻带)内，记为 A，误差函数 $E(e^{j\omega})$ 的最大绝对值最小，将该最小值记为 $\| E(e^{j\omega}) \|$，则有

$$\| E(e^{j\omega}) \| = \min_{h(n) \in A}\left[\max |E(e^{j\omega})|\right]$$

16.3　MATLAB 函数

(1)标准频率响应的 FIR 数字滤波器的设计：fir1 函数。

B＝fir1(N,Wn)：返回所设计的 N 阶低通 FIR 数字滤波器的系数向量 B,B 的长度为 N＋1,Wn 为固有频率，使归一化频率在 0～1 之间。

B＝fir1(N,Wn,'ftype')：ftype 指定滤波器的类型。

B＝fir1(N,Wn,Win)：Win 指定所使用的窗函数的类型，默认选择汉明窗。

B＝fir1(N,Wn,Win,'noscale')：默认情况下，滤波器被归一化。

(2)估计采用凯塞窗设计的 FIR 数字滤波器的阶次:kaiserord 函数。

[N,Wn,BTA,FILTYPE]=kaiserord(F,A,DE,Fs):得到使用凯塞窗设计 FIR 数字滤波器所需要的参数。

C=kaiserord(F,A,EDV,Fs,'cell'):返回一个单元矩阵,是由使用 fir1 时所需要的参数组成的。

(3)基于频率抽样法的滤波器的设计函数:fir2 函数。

B=fir2(N,F,A):设计一个 N 阶的 FIR 数字滤波器,返回 B 为滤波器转移函数的系数向量。

B=fir2(N,F,A,Win):Win 指定所使用的窗函数的类型,默认时选择汉明窗。

(4)切比雪夫最佳一致逼近法:remez 函数。

B=remez(N,F,A):设计一个由向量 F 和 A 指定频率特性的 N 阶 FIR 数字滤波器,F 为边缘频率向量,A 是滤波器在 F 对应频率点处的幅值。

B=remez(N,F,A,W):利用权值向量 W,对各段的误差加权之后再做拟和。

B=remez(N,F,A,'hilbert')和 B=remez(N,F,A,W,'hilbert')设计奇对称的线性相位的 Hilbert 变换器。

B=remez(N,F,A,'differentiator')和 B=remez(N,F,A,W,'differentiator')设计奇对称的线性相位的微分器。

(5)切比雪夫最佳一致逼近法的阶次选择:remezord 函数。

[N,Fo,Ao,W]=remezord(F,A,DEV,Fs):得到切比雪夫一致逼近法设计 FIR 数字滤波器所需要的参数。

C=remez(F,A,DEV,Fs,'cell'):返回一个单元矩阵,由使用 remez 时所需的参数组成。

(6)矩形窗产生函数 rectwin。

X=rectwin(N):其中 N 为矩形窗的长度。

巴特里特窗产生函数 bartlett:X=bartlett(N)。

汉宁窗产生函数 hanning:X=hanning(N)。

汉明窗产生函数 hamming:X=hamming(N)。

切比雪夫窗产生函数 chebwin:X=chebwin(N,R)。

16.4　实验内容与方法

(1)分别使用汉宁窗和切比雪夫窗设计一个 20 阶的 FIR 带通数字滤波器,通带为 0.2~0.4,比较窗函数对滤波器频率响应的影响。

MATLAB 程序如下:

```
clear all;
```

```
close all;
N= 30;
Wn= [2* 0.2,2* 0.4];
W_cheby= chebwin(N+ 1);
W_hanning= hanning(N+ 1);
B1= fir1(N,Wn,W_cheby);
B2= fir1(N,Wn,W_hanning);
[h1,w1]= freqz(B1,1,256,1);
[h2,w2]= freqz(B2,1,256,1);
subplot(2,1,1);
plot(w1,20* log10(abs(h1)));
ylim([- 50,0]);
xlabel('归一化频率');
ylabel('幅值/dB');
grid on;
subplot(2,1,2);
plot(w1,20* log10(abs(h2)));
ylim([- 50,0]);
xlabel('归一化频率');
ylabel('幅值/dB');
grid on;
```

(2)设计一个低通 FIR 数字滤波器,技术指标为:通带截止频率为 2000Hz,阻带截止频率为 3000Hz,通带波动力为 0.01,阻带波动力为 0.1,抽样频率为 8000Hz。

　MATLAB 程序如下:

```
clear all;
close all;
fp= 2000;
fs= 3000;
Fs= 8000;
F= [fp,fs];
A= [1,0];
DEV= [0.01,0.1];
[N,Wn,BTA,FILTYPE]= kaiserord(F,A,DEV,Fs);
B= fir1(N,Wn,FILTYPE,Kaiser(N+ 1,BTA));
Freqz(B,1,256,Fs);
```

(3)设计一个 45 阶多通带的 FID 数字滤波器,并与理想的频率响应进行对比。

　MATLAB 程序如下:

```
clear all;
close all;
N= 45;
F= [0,0.1,0.2,0.3,0.4,0.5,0.6,0.7,0.8,1];
A= [0,0,1,1,0,0,1,1,0,0];
B= fir2(N,F,A);
[h,w]= freqz(B,1,256);
plot(F,A,':',w/pi,abs(h));
xlabel('归一化频率');
ylabel('幅值');
legend('理想幅频响应','实际幅频响应');
grid on;
```

（4）用切比雪夫最佳一致逼近法设计一个最小阶次的低通 FIR 数字滤波器，技术指标为：通带截止频率为 1000Hz，阻带截止频率为 2000Hz，抽样频率为 10000Hz，通带纹波为 0.01，阻带纹波为 0.1。

MATLAB 程序如下：

```
clear all;
close all;
fp= 1000;
fs= 2000;
F= [fp,fs];
A= [1,0];
DEV= [0.01,0.1];
Fs= 10000;
[N,Fo,Ao,W]= remezord(F,A,DEV,Fs);
B= remez(N,Fo,Ao,W);
[h,w]= freqz(B,1,512,Fs);
h= abs(h);
h= 20* log10(h);
plot(w,h);
grid on;
xlable('归一化频率');
ylable('幅值/dB');
```

（5）完成下列滤波器的设计。

① 使用窗函数法设计一个 FIR 数字滤波器，技术指标为：通带截止频率为 1000Hz，阻带截止频率为 2000Hz，通带波动力为 0.01，阻带波动力为 0.1，抽样频率为 10000Hz。

② 使用切比雪夫最佳一致逼近法完成①。

③ 使用切比雪夫最佳一致逼近法设计一个低通 FIR 滤波器,其通带截止频率为 0.3,阻带截止频率为 0.5。

④ 使用矩形窗、巴特里特窗、汉宁窗、汉明窗、凯塞窗、切比雪夫窗、布莱克曼窗设计一个 30 阶的 FIR 带通滤波器,其通带为 0.2~0.4,比较窗函数的选择对滤波器频率响应的影响。

16.5　实 验 要 求

1. 在计算机中输入程序,验证实验结果.

2. 通过对验证性实验,自行编制 MATLAB 程序,并得出实验结果。

3. 在实验报告中写出完整的自编程序,并给出实验结果。

第 17 章　IIR 数字滤波器的设计

17.1　实　验　目　的

1. 掌握双线性变换法和冲激响应不变法设计 IIR 数字滤波器的具体方法及原理。
2. 掌握使用 MATLAB 进行低通、高通、带通和带阻 IIR 数字滤波器的设计方法和编程方法。
3. 熟悉 MATLAB 设计 IIR 数字滤波器的函数。

17.2　实　验　原　理

17.2.1　IIR 滤波器与 FIR 滤波器的对比

两种滤波器的对比如表 17-1 所示。

表 17-1

	FIR	IIR
设计方法	一般无解析的设计公式,要借助计算机程序完成	利用 AF 的实际图表,可简单、有效地完成设计
设计结果	可得到幅频特性和线性相位	只能得到幅频特性,相频特性未知,如需要线性相位,须用全通网络校准,但增加滤波器阶数和复杂性
稳定性	极点全部在原点,无稳定性问题	有稳定性问题
因果性	总是满足,任何一个非因果的有限长序列,总可以通过一定的延时转变为因果序列	
结构	非递归	递归系统
运算误差	一般无反馈,运算误差小	有反馈,由于运算中的四舍五入会产生极限环
快速算法	可用 FFT 减少运算量	无快速运算方法

从性能上进行比较:

IIR 滤波器传输函数的极点可位于单位圆内的任何地方,因此可用较低的阶数获得高的选择性,所用的存储单元少,所以经济而效率高。但是这个高效率是以相位的非线性为代价的。选择性越好,相位非线性越严重。相反,FIR 滤波器却可以得到严格的线性相位,然而由于 FIR 滤波器传输函数的极点固定在原点(输出只与有限项输入有关,传递函数分母为1,极点在零点),所以只能用较高的阶数达到高的选择性;对于同样的滤波器设计指标,FIR 滤波器所要求的阶数可以比 IIR 滤波器高5~10倍,成本较高,信号延时也较大;如果按相同的选择性和相同的线性要求来说,IIR 滤波器就必须加全通网络进行相位较正,同样要大大增加滤波器的节数和复杂性。

从结构上看:

IIR 滤波器必须采用递归结构,极点位置必须在单位圆内,否则系统将不稳定。另外,在这种结构中,由于运算过程中对序列的舍入处理,这种有限字长效应有时会引入寄生振荡。相反,FIR 滤波器主要采用非递归结构,不论在理论上还是在实际的有限精度运算中都不存在稳定性问题,运算误差也较小。此外,FIR 滤波器可以采用快速傅里叶变换算法,在相同阶数的条件下,运算速度可以快得多。

17.2.2　IIR 滤波器设计

IIR 数字滤波器又叫无限冲击响应数字滤波器,常用的设计方法是借助于模拟滤波器的设计方法,先将给定的数字滤波器的技术指标转换为对应的模拟滤波器的技术指标,设计模拟滤波器,再按照一定的规则将模拟滤波器离散化,得到数字滤波器。典型的模拟滤波器有巴特沃兹滤波器、切比雪夫滤波器等。设计的步骤如下:

(1)按照一定的规则将数字滤波器的技术指标转换为模拟滤波器的技术指标。

(2)根据转换后的模拟滤波器的技术指标,选择合适的阶次选择函数,以确定满足要求的模拟滤波器的最小阶次。

(3)根据得到的最小阶次设计模拟滤波器。

(4)运用固有频率 Wn 将模拟低通原型滤波器转换为模拟低通、高通、带通或者带阻滤波器。

(5)运用冲激响应不变法或者双边线性变换法将模拟滤波器离散化,得到数字滤波器。

MATLAB 也提供了直接设计数字滤波器的函数,只要根据 IIR 数字滤波器的技术指标通过用数字滤波器的阶次选择函数,得到满足要求的数字滤波器的最小阶次和固有频率 Wn,然后直接调用数字滤波器函数即可。

17.2.3　IIR 滤波器实现方法

1. 冲击响应不变法实现模拟到数字的滤波器转换

impinvar 函数可将模拟滤波器(cs,ds,Fs)转换成数字滤波器(b,a),两者的冲激响应不变,即模拟滤波器的冲击响应按 Fs 取样后等同于数字滤波器的冲激响应。其格式为：[b,a]＝impinbar(cs,ds,Fs)。其中,cs 为模拟滤波器传输函数的分子多项式系数；ds 为模拟滤波器传输函数的分母多项式系数；Fs 为采用率；b 为数字滤波器的系统函数H(z)的分子多项式系数；a 为数字滤波器的系数函数 H(z)的分母多项式系数。

　　2.双线性变换法实现模拟到数字的滤波器转换

　　双线性变换为变量间的映射关系,在数字滤波器中,它是将 S 域或模拟域映射成 Z 域或数字域的标准方法,把模拟滤波器的传递函数模型转换成数字滤波器的传递函数模型。在 MATLAB 中其函数名称是 bilinear。其格式为：[b,a]＝bilinear(cs,ds,T)。其中,cs 为 S 域传递函数的分子；ds 为 S 域传递函数的分母；T 为取样频率的倒数,b 为双线性变换后 Z 域传递函数的分子,a 为双线性变换后 Z 域传递函数的分母。

17.3　MATLAB 函数

　　(1)butter 函数:巴特沃兹模拟滤波器的设计。

　　[b,a]＝butter(n,Wn,'s'):设计 n 阶巴特沃兹低通模拟滤波器,其截止频率为Wn,返回的 b 和 a 分别为滤波器转移函数分子和分母多项式系数向量,如果 Wn 为一个二维向量,则设计的是一个巴特沃兹带通滤波器,其带通截止频率为 W1,带阻截止频率为 W2。

　　[b,a]＝butter(n,Wn,'ftype','s'):参数 ftype 用于指定设计滤波器的类型,当 ftype 为"high"时,表示设计的为巴特沃兹高通滤波器,当 ftype 为"stop"时,为巴特沃兹带阻滤波器,此时 Wn 必须为二维向量,Wn＝[w1,w2]。

　　[z,p,k]＝butter(..):返回的是滤波器的极零点增益模型。

　　[A,B,C,D]＝butter(..):返回的是滤波器的状态空间模型。

　　(2)切比雪夫 Ⅰ 型滤波器设计。

　　[b,a]＝cheby1(n,R,Wn,'s'):设计 n 阶切比雪夫 Ⅰ 型低通模拟滤波器,截止频率为 Wn,R 为滤波器通带内的最大衰减,如果无法确定 R 的值,可选择 0.5 作为初始值。

　　[b,a]＝cheby1(n,Rp,Wn,'ftype','s'):指定设计的切比雪夫滤波器的类型。

　　[z,p,k]＝cheby1(..):返回的是滤波器的极零点增益模型。

　　[A,B,C,D]＝cheby1(..):返回的是滤波器的状态空间模型。

　　(3)切比雪夫 Ⅱ 型滤波器的设计函数。

　　[b,a]＝cheby2(n,R,Wn,'s'):设计 n 阶切比雪夫 Ⅱ 型低通模拟滤波器,截止频率为 Wn,R 为滤波器通带内的最大衰减,如果无法确定 R 的值,可选择 0.5 作为初始值。

　　[b,a]＝cheby2(n,Rp,Wn,'ftype','s'):指定设计的切比雪夫滤波器的类型。

$[z,p,k]=cheby2(..)$:返回的是滤波器的极零点增益模型。

$[A,B,C,D]=cheby2(..)$:返回的是滤波器的状态空间模型。

(4)模拟滤波器低通到低通转换的函数 lp2lp。

$[B,A]=lp2lp(b,a,Wo)$:b 和 a 分别为原来滤波器转移函数的分子和分母多项式系数,Wo 为所需要的滤波器的截止频率,返回的 B 和 A 为所需要得到的滤波器转移函数的分子分母的多项式系数。

$[AT,BT,CT,DT]=lp2lp(A,B,C,D,Wo)$:这是滤波器的状态空间模型表示,Wo 为所需要得到的滤波器的截止频率。

(5)模拟低通原型滤波器到模拟高通滤波器的转换函数 lp2hp。

$[B,A]=lp2hp(b,a,Wo)$。

$[AT,BT,CT,DT]=lp2hp(A,B,C,D,Wo)$。

(6)模拟低通原型滤波器到模拟带通滤波器的转换函数 lp2bp。

$[B,A]=lp2bp(b,a,Wo,Bw)$:b 和 a 分别为原型滤波器转移函数的分子和分母多项式系数,Wo 为所需要的模拟带通滤波器的中心频率,Bw 为模拟带通滤波器的带宽,返回的 B 和 A 为所需要得到的模拟带通滤波器转移函数的分子分母的多项式系数。

$[AT,BT,CT,DT]=lp2bp(A,B,C,D,Wo,Bw)$:用状态空间模型表示的模拟低通原型滤波器到模拟高通滤波器的转换。

(7)模拟低通原型滤波器到模拟带阻滤波器的转换函数 lp2bs。

$[B,A]=lp2bs(b,a,Wo,Bw)$。

$[AT,BT,CT,DT]=lp2bs(A,B,C,D,Wo,Bw)$。

(8)冲激响应不变法实现的 MATLAB 函数 impinvar。

$[bz,az]=impinvar(b,a,Fs)$:利用冲激响应不变法将转移函数分子分母多项式向量为 b 和 a 的模拟滤波器转换为转移函数分子分母多项式系数向量为 bz 和 az 的数字滤波器,Fs 是对模拟滤波器单位冲激响应进行采样的采样频率,如果 Fs 缺省,则默认为 1Hz。

$[bz,az]=impinvar(b,a,Fs,tol)$:利用 tol 指定转换的公差,公差代表设计出来的滤波器接近理想滤波器的程度。

(9)双边线性变换法实现的 MATLAB 函数 bilinear。

$[bz,az]=bilinear(b,a,Fs)$。

$[bz,az]=bilinear(b,a,Fs,Fp)$:参数 Fp 称为预扭曲系数。

$[zd,pd,kd]=bilinear(z,p,k,Fs)$:给定了模拟滤波器的极零点增益模型参数和抽样频率,返回转换后的数字滤波器的极零点增益模型的参数。

$[zd,pd,kd]=bilinear(z,p,k,Fs,Fp)$:Fp 称为预扭曲系数。

$[Ad,Bd,Cd,Dd]=bilinear(A,B,C,D,Fs)$:给定了模拟滤波器的状态空间模型参数和抽样频率,返回转换后数字滤波器的状态空间模型参数。

[Ad,Bd,Cd,Dd]＝bilinear(A,B,C,D,Fs,Fp)：Fp 称为预扭曲系数。

（10）巴特沃兹滤波器阶次选择函数 buttord。

[N,Wn]＝buttord(Wp,Ws,Rp,Rs)：返回符合要求的数字滤波器的最小阶次 N 和滤波器的固有频率 Wn。Wp 为通带频率,Ws 为阻带频率,Rp 为通带允许的最大衰减,Rs 为阻带应达到的最小衰减。Wp 和 Ws 为归一化频率,在 0～1 之间。

[N,Wn]＝buttord(Wp,Ws,Rp,Rs,'s')：参数的含义与上相同,Wp 和 Ws 不是归一化频率。

（11）切比雪夫 I 型滤波器阶次选择函数 cheb1ord。

[N,Wn]＝cheb1ord(Wp,Ws,Rp,Rs)。

[N,Wn]＝cheb1ord(Wp,Ws,Rp,Rs,'s')。

（12）切比雪夫 II 型滤波器阶次选择函数 cheb2ord。

[N,Wn]＝cheb2ord(Wp,Ws,Rp,Rs)。

[N,Wn]＝cheb2ord(Wp,Ws,Rp,Rs,'s')。

（13）巴特沃兹数字滤波器的设计函数 butter。

[B,A]＝butter(N,Wn)：设计一个 N 阶的数字低通巴特沃兹滤波器,返回值 B 和 A 分别为滤波器的转移函数的分子分母多项式系数向量,Wn 为固有频率,为归一化频率,在 0～1 之间,为 1 对应抽样频率的一半。

[B,A]＝butter(N,Wn,'ftype')：用 ftype 指定设计滤波器的类型。

[z,p,k]＝butter(..)：返回的是滤波器的极零点增益模型。

[A,B,C,D]＝ butter(..)：返回的是滤波器的状态空间模型。

（14）切比雪夫 I 型数字滤波器设计函数 cheby1。

[B,A]＝cheby1(N,R,Wn)：R 为滤波器通带内的最大衰减。

[B,A]＝ cheby1(N,R,Wn,'ftype')：用 ftype 指定设计滤波器的类型。

[z,p,k]＝cheby1(..)：返回的是滤波器的极零点增益模型。

[A,B,C,D]＝ cheby1(..)：返回的是滤波器的状态空间模型。

（15）切比雪夫 II 型数字滤波器设计函数 cheby2。

[B,A]＝cheby2(N,R,Wn)：R 为滤波器通带内的最大衰减。

[B,A]＝ cheby2(N,R,Wn,'ftype')：用 ftype 指定设计滤波器的类型。

[z,p,k]＝cheby2(..)：返回的是滤波器的极零点增益模型。

[A,B,C,D]＝ cheby2(..)：返回的是滤波器的状态空间模型。

17.4　实验内容与方法

（1）使用 MATLAB 函数设计一个 5 阶的巴特沃兹模拟高通滤波器,其截止频率为 1000rad/s。

MATLAB 程序如下：

```
clear all;
close all;
Wn= 1000;
n= 5;
[b,a]= butter(n,Wn,'high','s');
freqs(b,a);
xlim([1e2,1e4]);
```

（2）使用模拟滤波器转换函数设计一个 5 阶巴特沃兹低通滤波器，截止频率为 200rad/s。

MATLAB 程序如下：

```
clear all;
close all;
[z,p,k]= buttap(5);
[b,a]= zp2tf(z,p,k);
Wo= 200;
[B,A]= lp2lp(b,a,Wo);
[h1,w1]= freqs(b,a);
[h2,w2]= freqs(B,A);
subplot(1,2,1);
plot(w1,abs(h1));
grid on;
title('模拟低通原型滤波器的幅频响应');
subplot(1,2,2);
semilogx(w2,abs(h2)); %  x 轴为对数刻度，y 轴为线性刻度
grid on;
title('转换后模拟低通滤波器的幅频响应');
```

（3）用冲激响应不变法设计一个巴特沃兹低通滤波器，其技术指标为：通带截止频率为 100Hz，阻带截止频率为 200Hz，通带允许的最大衰减为 3dB，阻带应达到的最小衰减为 40dB，抽样频率为 1000Hz。

MATLAB 程序如下：

```
clear all;
close all;
fp= 100;
fs= 200;
Fs= 1000;
```

```
Wp= fp* 2* pi;
Ws= fs* 2* pi;
Rp= 3;
Rs= 40;
[N,Wn]= buttord(Wp,Ws,Rp,Rs,'s');
[b,a]= butter(N,Wp,'s');
[B,A]= impinvar(b,a,Fs);
[h,w]= freqz(B,A,512,Fs);
plot(w,abs(h));
xlabel('f/Hz');
ylabel('|H(exp(jw)|');
title('数字低通巴特沃兹滤波器');
grid on;
```

(4)用双线性变换法设计一个巴特沃兹低通滤波器,其技术指标为:通带截止频率为 100Hz,阻带截止频率为 300Hz,通带允许的最大衰减为 3dB,阻带应达到的最小衰减为 40dB,抽样频率为 1000Hz。

MATLAB 程序如下:

```
clear all;
close all;
fp= 100;
fs= 300;
Fs= 1000;
wp= fp* 2* pi/Fs;
ws= fs* 2* pi/Fs;
wap= tan(wp/2);
was= tan(ws/2);
Fs= Fs/Fs;
Rp= 3;
Rs= 40;
[n,wn]= buttord(wap,was,Rp,Rs,'s');
[z,p,k]= buttap(n);
[bp,ap]= zp2tf(z,p,k);
[bs,as]= lp2lp(bp,ap,wap);
[bz,az]= bilinear(bs,as,Fs/2);
[h,w]= freqz(bz,az,256,Fs* 1000);
plot(w,abs(h));
grid on;
```

```
xlabel('f/Hz');
ylabel('|H(exp(jw)|');
title('数字低通巴特沃兹滤波器');
grid on;
```

（5）确定数字低通巴特沃兹滤波器的阶次，其技术指标为：通带截止频率为200Hz，阻带截止频率为300Hz，抽样频率为1000Hz，通带允许的最大衰减为3dB，阻带应达到的最小衰减为30dB。

MATLAB 程序如下：

```
clear all;
close all;
fp= 200;
fs= 300;
Fs= 1000;
Rp= 3;
Rs= 30;
Wp= fp/(Fs/2);
Ws= fs/(Fs/2);
[N,Wn]= buttord(Wp,Ws,Rp,Rs);


N =

    6
```

（6）使用数字滤波器的直接设计方法设计一个巴特沃兹数字高通滤波器，技术指标为：通带截止频率为300Hz，阻带截止频率为250Hz，抽样频率为1000Hz，通带允许的最大衰减为3dB，阻带应达到的最小衰减为40dB。

MATLAB 程序如下：

```
clear all;
close all;
fp= 300;
fs= 250;
Fs= 1000;
wp= fp/(Fs/2);
ws= fs/(Fs/2);
Rp= 3;
Rs= 40;
[N,Wn]= buttord(wp,ws,Rp,Rs);
[B,A]= butter(N,Wn,'high');
```

```
[h,w]= freqz(B,A,256,Fs);
plot(w,abs(h));
axis([0,500,0,1]);
grid on;
xlabel('f/Hz');
ylabel('|H(exp(jw))|');
title('高通巴特沃兹数字滤波器');
```

(7)完成下列滤波器的设计。

① 设计一个 5 阶切比雪夫 I 型带阻模拟滤波器,其截止频率为 100rad/s 和 10000rad/s,通带衰减为 0.5dB。

② 使用 lp2bp 函数设计一个 8 阶巴特沃兹模拟带通滤波器,下限截止频率为 100rad/s,上限截止频率为 300rad/s。

③ 确定切比雪夫 II 型数字滤波器,其技术指标为:通带截止频率为 400Hz,阻带截止频率为 300Hz,抽样频率为 1000Hz,通带允许的最大衰减为 0.5dB,阻带应达到的最小衰减为 50dB。

④ 使用冲激响应不变法设计一个切比雪夫 I 型数字带阻滤波器,技术指标为:通带下限和上限截止频率分别为 200Hz 和 600Hz,阻带下限和上限截止频率分别为 300Hz 和 500Hz,抽样频率为 2000Hz,通带允许的最大衰减为 0.3dB,阻带应达到的最小衰减为 50dB。

⑤ 使用双边线性变换法设计题④。

⑥ 使用直接设计数字滤波器的方法设计一个切比雪夫 II 型数字滤波器,技术指标为:通带下限和上限截止频率分别为 300Hz 和 500Hz,阻带下限和上限截止频率分别为 200Hz 和 600Hz,抽样频率为 2000Hz,通带允许的最大衰减为 0.3dB,阻带应达到的最小衰减为 50dB。

17.5　实 验 要 求

1.在计算机中输入程序,验证实验结果。

2.通过对验证性实验,自行编制 MATLAB 程序,并得出实验结果。

3.在实验报告中写出完整的自编程序,并给出实验结果。

第 18 章　音频信号的噪声去除

18.1　实　验　目　的

1. 在掌握滤波器原理并完成滤波器硬件实验的基础上，使用 MATLAB 进行音频信号噪声滤除的软件实验。

2. 本次实验旨在使用 MATLAB 软件完成对模拟音频信号的噪声去除，加深对滤波器原理的掌握，了解滤波器的应用。

18.2　实　验　内　容

1. 自行录制语音文件(.wav 文件，歌曲或者讲话录音)。

2. 自行录制添加噪声的语音文件或者采用 MATLAB 软件对语音文件添加噪声(尖锐的口哨声或其他噪声)。

3. 使用 MATLAB 设计滤波器去除噪声，还原语音信号。

4. 使用计算机播放去除噪声前后的语音文件，进行比较。

18.3　MATLAB 实验流程简图

实验流程如图 18-1 和图 18-2 所示。

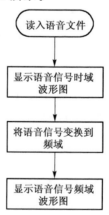

图 18-1　语音文件处理

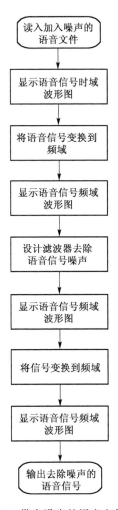

图 18-2　带有噪声的语音文件处理

18.4　实　验　任　务

　　1.掌握录制.wav 文件的方法,包括使用声卡录制、mp3 录制、MATLAB 生成等方法。

　　2.对语音信号的时域和频域分析,观察波形图。

　　3.对音频信号加入噪声,给出加入噪声后语音信号的时域和频域的波形图。

　　4.设计滤波器去除噪声,得到还原后语音信号的时域和频域的波形图。

　　5.试听滤波前后语音信号,作出对比。

18.5　实　验　要　求

1. 编出完整的 MATLAB 程序。
2. 给出滤波前后语音信号的时域和频域的波形图。
3. 得到滤波前后的语音文件。
4. 形成完整的实验报告。

18.6　相关 MATLAB 函数

(1)[x,fs,bits]＝waveread('filename')：读取 wav 文件数据的函数，x 表示一长串的数据，一般是两列；fs 是该 wav 文件在采样时的采样频率；bits 指在进行 A/D 转换时用的量化位长（8bits 或者 16bits）。

(2)[d]＝fft(w,l)：w 指一列波形数据；l 指用多少点的 fft，一般选择 2 的幂次（如 16,128,1024 等）；d 是频域输出。由于 fft 的对称性，又因为输入的函数是实数，fft 的模的大小对称，一般只取一半的数据就可以了。

(3)sound(w,fs,bits)：将数列的数据通过声卡转换为声音。

(4)[b,a]＝butter(n,Wn,'s')：设计 n 阶巴特沃兹低通模拟滤波器，其截止频率为 Wn，返回的 b 和 a 分别为滤波器转移函数分子和分母多项式系数向量，如果 Wn 为一个二维向量，则设计的是一个巴特沃兹带通滤波器，其带通截止频率为 W1，带阻截止频率为 W2。

(5)[b,a]＝butter(n,Wn,'ftype','s')：参数 ftype 用来指定设计滤波器的类型，当 ftype 为"high"时，表示设计的为巴特沃兹高通滤波器，当 ftype 为"stop"时，为巴特沃兹带阻滤波器，此时 Wn 必须为二维向量，Wn＝[w1,w2]。

(6)[z,p,k]＝butter(..)：返回的是滤波器的极零点增益模型。

(7)[A,B,C,D]＝butter(..)：返回的是滤波器的状态空间模型。

(8)filter(b,a,y)：使用滤波器对信号 y 进行滤波，其中滤波器转移函数分子和分母多项式系数向量分别为 b 和 a。

附录 A　实验测试基本知识

本附录讲述电路分析实验中所涉及的基本概念、基本知识和基本测试方法,包括该课程实验的设置意义和目的、实验的要求和规范、实验报告的书写;然后向读者介绍电子测量的基础知识,如测量误差的概念和基本的测量方法;最后是测试数据及实验误差的处理。虽然本章内容不涉及具体的实验项目,但其内容不仅贯穿本门实验课程,而且还贯穿所有的电工电子实验环节,对实验起到理论指导作用,是必须掌握的重要内容。

A.1　实验的基本要求和指导

A.1.1　实验的基本要求

1. 实验预习和实验报告

实验预习是整个实验特别是综合创新型实验不可或缺的环节,要求学生在实验开始前对相关的实验内容有基本的认识,做到心中有数,从而提高实验的收获和效率。

实验报告是反映实验情况的文档,也是备查的依据,可以较为详细地记录实验中的现象,加深对实验的理解和收获,也锻炼了学生归纳、整理材料的能力。

实验预习大致包括如下内容:

(1)研读实验指导书,理解该实验所依据的基本原理和实验思想。

(2)明确实验目的,了解实验方法与步骤、要求观察的现象、记录的数据、注意的问题。

(3)根据测量时的具体要求,理解所用的仪器设备及型号,会自主选取合理的量程。

(4)使用实验仪器设备之前,必须阅读有关的仪器设备使用说明,大致掌握其使用方法。

(5)设计性实验要给出所设计电路的结构和参数,并拟定需测试的波形和记录的数据。

(6)研究性和综合性实验,要预先查找相关资料,设计实验方案、电路结构和参数。

(7)写出比较完整和规范的预习报告内容。

一份完整的实验报告的主要内容一般包括：

(1)实验名称。

(2)实验目的(或意义)。

(3)实验原理(或实验思想)。

(4)仪器设备和型号。

(5)方案设计和必要的分析计算。

(6)预习思考题的回答。

(7)实验内容、步骤与电路图。

(8)原始数据测试、记录表格。

(9)实验操作注意事项。

(10)实验的数据处理，包括误差计算、分析和图形绘制等。

(11)实验结果分析、结论和总结体会等。

上述内容的(1)～(9)项可作为学生预习报告的内容，须在实验开始前完成；而(10)和(11)项可在实验操作完成后，回去自己仔细总结，这部分的内容是十分重要的，直接关系到整个实验的质量和收获，一定要认真书写。

实验报告一般用16开大小的纸张，每次实验报告均应有封面并应装订好，下一次实验时交给指导教师批改。

实验报告封面的内容一般包括：实验课程名称，实验项目名称，实验者姓名、班级、学号、实验指导教师、实验日期等内容。要说明的是最后两项不关乎学生信息的内容也是十分重要的，因为有可能做相同实验的学生很多，指导教师也很多，只有把这两项写清楚，此实验报告才能迅速确定指导教师和相应的实验批次。

2. 实验操作规范

实验操作规范是指学生在具体的实验操作过程中应该遵守的操作规则和规程，其目的一方面是为了提高实验操作效率，培养良好的操作习惯，避免因操作不当造成的损坏和失误，更重要的是可以提高实验的安全性，避免对师生身体造成损害，因为电路实验中往往会接触非安全用电。这就要求：

(1)规范放置仪器仪表。

(2)合理选取仪表的量程。

(3)正确连接电路，排除故障。

(4)检查无误后接通电源。

(5)测试和读取实验数据。

(6)记录实验数据、波形及现象等。

(7)经教师检查验收后方可拆除线路。

(8)离开实验室前，整理好所有实验器材。

3. 安全操作注意事项

由于本实验室会接触强电实验,为了学生的安全,操作时还须特别注意以下问题:

(1)确认线路连接无误后,才可接通电源。

(2)注意各种仪器仪表的正确使用。

(3)电路在接通电源后,避免用手触及带强电部分。

(4)改接或拆除电路之前,须将电源断开。

(5)若出现异常现象或事故,应立即切断电源,并及时向指导教师报告。

A.1.2 电路实验室规则

实验时必须保证人身、设备安全,爱护国家财产,培养科学作风。为使实验顺利进行,实验者应严格遵守下列规则:

(1) 没有充分预习,不得进行实验。在实验课上,教师要对预习情况进行检查提问,检查不通过暂不得参加本次实验。

(2) 实验前教师应对学生进行安全教育。

(3) 接通电源前必须请指导教师检查线路。

(4) 严禁带电拆、接线。

(5) 实验所需要的仪器、仪表和设备分组专用,必须爱护使用,不准随便搬动调换。

(6) 实验中损坏了仪器仪表设备必须立即报告指导教师,并作出书面检查。责任事故要酌情赔偿。

(7) 上实验课,未经请假不得无故迟到、缺席。实验时要严肃认真,保持安静、整洁的实验环境。实验完毕后必须将仪器设备整理好,放回原处,实验结果经教师认可后,方可离开实验室。

A.2 测量的基本概念及方法

A.2.1 测量与误差的基本概念

1. 测量的概念

所谓"测量",是指利用专用设备把被测物理量同标准量进行比较,得出被测量值是标准量的倍数,从而确定被测量大小的实验操作过程。测量是定量的基础,也是实验的重要环节和过程,进行各种测量所需的全部仪器、设备统称为测量仪器。信号与系统实验中的测量仪器一般称作电子测量仪器,即其测量的是有关电的量值。

信号与系统实验中的被测物理量大致分为两类:

一类是表征电信号特征的量,如电流、电压、频率、周期等。它们可直接送入测量设备与同类标准量进行比较,或者在测量设备中经某种变换(幅度变换、频率变换、波形变换等)后,再与标准量比较,最后由显示部件指示出测量结果。其测量过程如图 A-1 所示。

图 A-1　信号特性的一般测量过程

另一类是表征各种元器件及电路系统电磁特性的量,如电阻、电感、电容、阻抗、传输特性等,它们只在一定的信号作用下才显示出其固有的特性。例如,只有在电压或电流激励下,电阻器才表现出它电阻的作用和性质。这类物理量的一般测量过程如图 A-2 所示。

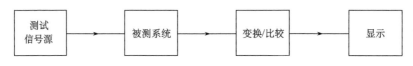

图 A-2　系统特性的一般测量过程

从上述测量过程可见,电子测量仪器应该包括电信号特性测试仪(如电压表、电流表、频率计等)、测试信号源(如低频信号发生器、脉冲信号发生器、高频信号发生器、功率函数信号发生器、直流稳压电源等),以及由测试信号源与电信号特性测试仪组成的组合式仪器(如扫频仪、示波器等)。

无论使用何种仪器去测量哪种物理量,测量结果总是根据仪器示值或再计算确定。所谓仪器示值,就是由仪器装置给出的被测量的数值。如果进行单次测量,通常取仪器示值为测量结果。如果相同的测量进行多次,则测量结果就取各次测量所得仪器示值的算术平均值。

通常情况下,仪器示值或测量结果与被测量的真实值之间总会存在一些差异,称为误差。这是由客观条件(如实验原理的缺陷,仪器设备不够精密等)所决定的。通常把测量仪器的示值与被测量真实值之间的误差叫做仪器误差,把测量结果与被测量真实值之间的误差叫做测量误差。当测量结果等于仪器示值时,测量误差就是仪器误差。

2. 测量误差大小的表达

一个被测对象本身有一个真实大小,这个大小在一定的客观条件下是一个确定的数值,称为真值,记为 x_0。测量误差大小通常分为绝对误差和相对误差两种表示方式。

定义　绝对误差（绝对真误差）表示为 $\Delta x = x - x_0$，其中 x 为被测量的给出值。由于真值是无法测得的，通常将更高一级的标准仪器所测得的值 x_0 称为"实际值或约定真值"，用它来替代真值。

绝对误差不能确切地反映测量的准确程度，如测量两个电阻 $R_1 = 100\ \mathrm{k\Omega}$，$R_2 = 100\Omega$，其绝对误差分别为 $\Delta R_1 = 1\ \mathrm{k\Omega}$，$\Delta R_2 = 10\Omega$，不能认为后者的测量比前者更好，更准确，因此又引入相对误差。

定义　相对误差（相对真误差）是绝对误差与真值的比值，可用 γ 表示

$$\gamma = \frac{\Delta x}{x_0} \times 100\%$$

因此，上例中 $\gamma_1 = \frac{1}{100} \times 100\% = 1\%$，$\gamma_2 = \frac{10}{100} \times 100\% = 10\%$，$\gamma_1 < \gamma_2$。计算结果说明，虽然 ΔR_1 比 ΔR_2 大，但是对 R_1 测量的相对误差比对 R_2 测量的相对误差要小，即对 R_1 的测量准确度高，这与事实是相符合的。因此常用相对误差来表示测量准确程度。

电子学中有时会用到分贝误差，即相对误差的另一种形式，如电压增益为 A_0，则可用分贝表示为 $A_0[\mathrm{dB}] = 20\lg A_0\,\mathrm{dB}$，当测量中存在误差，设测得的增益用分贝表示为 $A[\mathrm{dB}]$，则其分贝误差为

$$\gamma[\mathrm{dB}] = A[\mathrm{dB}] - A_0[\mathrm{dB}]$$

为了在连续刻度的仪表中，方便地表示整个量程内仪表的准确程度，将相对误差中的真值 x_0 改为电表量程（满刻度值），所得误差称为引用误差，也叫满度相对误差，即

$$\gamma_n = \frac{\Delta x}{x_m} \times 100\%$$

式中，x_m 表示仪表量程。常用电工仪表分为 ± 0.1、± 0.2、± 0.5、± 1.0、± 1.5、± 2.5、± 5.0 共七级，分别表示它们的引用相对误差不超过的百分比，如一块电工仪表的等级为 ± 1.5 级，则用该仪表测量时，引用误差不会超过 $\pm 1.5\%$，否则表示其不合格。

3. 误差的分类和来源

根据测量误差的来源并综合考虑误差的性质及特点，常将其分为系统误差、随机误差和粗大误差三大类。

1）系统误差

指相同条件下多次测量其绝对值和符号保持恒定，或在条件改变时按某种确定规律变化的误差。前者称为恒值系统误差，后者称为变值系统误差。系统误差的来源主要有：

（1）测量仪器本身不准确，包括基本误差（是仪器本身固有的）和附加误差（由工作条件如温度、湿度、外界电磁场的变化所引起）。

（2）测量方法不够完善。

（3）操作人员的习惯和偏向以及人们感觉器官不完善而造成的误差。

（4）测量环境变化引起的误差。

系统误差的大小反映了测量结果偏离真值的程度，可以用系统误差来表示测量的正确度，即系统误差越小，测量结果越正确。由于系统误差是具有一定规律性，故可以通过实验和研究来发现它的规律，从而设法通过技术手段加以消除或减小。

2）随机误差

指在相同条件下多次测量同一量时，误差的绝对值和符号以不可预定的方式变化。其特点是进行多次重复测量时，其值具有有界性、对称性和抵偿性。同时随机误差在足够多次测量的总体上服从统计规律，根据数理统计的有关原理和大量的实践证明，很多测量结果的随机误差的分布形式接近于正态分布，即测量值对称地分布在被测量的数学期望的两侧，如图 A-3 所示。

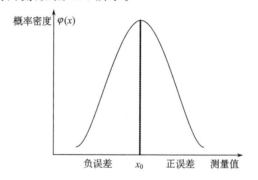

图 A-3　测量值的分布规律

随机误差的来源主要是由那些对测量结果影响较小，又互不相关的因素造成的。如供电的起伏，环境温度变化，室外车辆通过造成的振动等，它们是无法预测的。但是当测量次数为无穷多次时，从总体上服从统计规律，即随机误差的平均值趋于零。若真值为 x_0，各次测量值为 $x_1, x_2, x_3, \cdots, x_n$，每次测量的绝对误差为 $\Delta x_1, \Delta x_2, \Delta x_3, \cdots, \Delta x_n$，则绝对误差的平均值为 $\dfrac{1}{n}\sum\limits_{i=1}^{n}\Delta x_i$。当测量次数 n 趋于无穷时，有

$\lim\limits_{n\to\infty}\dfrac{1}{n}\sum\limits_{i=1}^{n}\Delta x_i = 0$。因此，对同一物理量进行多次重复测量并非多余，对多次测量所得数据进行适当处理，可减少偶然因素引起的误差对测量结果的影响。

3）粗大误差

指超出在规定条件下预期的误差，它使测量结果明显地偏离真值。该误差主要

是由于实验操作者在操作、读数和记录中发生差错所引起的,相应地包含这种误差的测量数据是没有意义的,在作数据处理时应该剔除不用。只要测试人员能仔细认真地操作,就能避免出现这类误差。

对误差还有其他多种分类,如根据仪器的工作条件,最常用到的两种仪器误差是:

(1)固有误差,又叫基本误差,是在基准工作条件下测得的仪器误差。固有误差大致能反映仪器本身的准确程度,同时在基准条件下也便于对仪器的检验与检定。

(2)工作误差,是指在仪器标准或产品说明书所给额定工作条件内任一点上的误差。仪器的工作误差常以工作误差极限的形式给出,在确定概率下,工作误差处于该误差极限之内。

A.2.2　基本测量方法

对电流和功率的测量除可使用电流表和功率表外,也可用间接测量方法,如通过测量电压后计算而得;或通过观测电阻器两端电压波形而得知其电流波形。

1. 电表法

1)电压的测量

电压表应并联在被测电路的两端,如图 A-4(a)所示。为了减少对被测电路原工作状态的影响,电压表的内阻 R_V 要远大于被测负载的电阻 R_0,为了测量电路中的多处电压,一般电压表可用活动的测试棒进行测量,如图 A-4(b)所示。

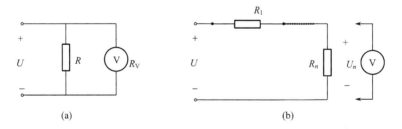

(a)　　　　　　　　　　　　　　　　(b)

图 A-4　电压的测量

2)电流的测量

测电流时,电流表应串联在被测电路中,如图 A-5(a)所示。为了尽量减少对被测电路原工作状态的影响,电流表的内阻一般做得很小,可忽略不计。为测量电路中多处的电流,可在需要的各支路中串接电流插孔,并在电流插孔两端跨接短路桥,当需测量该支路电流时,只需将电流表的测试棒插入该支路电流插孔两端,并将原插孔两端的短路桥拆去;当该支路电流测试完毕后,只需将短路桥插回原电流插孔两端,拆去电流表的测试棒即可。这样就可用一只电流表很方便地进行多支路电流的测量,如图 A-5(b)所示。

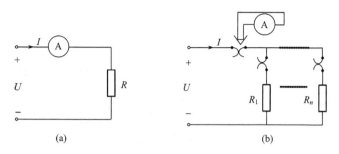

图 A-5　电流的测量

无论是测量电压还是电流,对于无自动量程转换的电表,量程的大小应在实验前进行估算,并根据估算值进行选择。量程的选择要恰当,量程选大了,读数偏小,引起的误差较大;量程选小了,仪器易过载而引起"打针",或使仪器损坏,无法读出数值。一般情况下,指针式仪表的指针偏转角度大于 1/2 满偏值时测量较为准确,而数字式仪表测量值应尽可能靠近量程。对直流仪表,在使用时还应注意它的"+"、"-"极性,切不可将指针式仪表的测试表棒极性接反,否则指针反偏,易造成仪表指针或游丝损坏。

3)功率的测量

对于指针式的功率表,首先要注意的是量程的选择。选择不同的电压和电流量限,功率表的读数要乘以不同的倍率 C,即 $P=C×$指示的刻度值,倍率 C 代表了每格刻度的瓦数值。对于 D-26W 型功率表,其倍率如表 A-1 所示。在数值上,倍率 $C=$电压量限×电流量限/满度格数。现在的数字式功率表,在读数上则要简单直观得多。

表 A-1　D-26W 型功率表量程和倍率

倍率　　电压量限/V　　　　电流量限/A	75	150	300
0.5	0.25	0.5	1
1	0.5	1	2

其次,要注意功率表的正确接法。功率表的电流线圈接法与电流表相同,应与负载串联;电压线圈接法与电压表相同,应与负载并联。电流线圈标有(＊)的端子,必须与电压线圈标有(＊)的端子接于电路中的同一点,否则仪表指针将反偏。

功率表在电路中有两种连接方式:为了减小测量误差,当电路的负载为高阻抗负载时,采用功率表电压线圈前接方式,如图 A-6(a)所示,此时仪表电压支路两端的电压等于负载电压加上仪表电流线圈的电压降;当电路的负载为低阻抗负载时,采用功率表电压线圈后接方式,此时仪表电流线圈的电流等于负载电流加上电压线圈的电流,如图 A-6(b)所示。

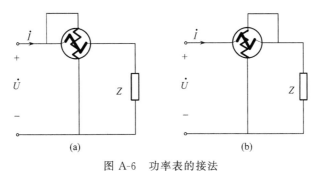

图 A-6 功率表的接法

2. 示波法

1)信号电压幅值的测量

用示波器观察和测量信号电压的优点是能直接显示被测信号的波形,因而不仅仅限于直流信号和正弦信号,对其他各种电信号都能方便地测出瞬时值。一般示波器可将被测信号的直流成分隔离出来,单独测量交流部分;频率特性从 DC 开始的示波器可同时显示直、交流成分混合的波形。用示波器测量电压的缺点是精度较低,误差一般在 5%～10% 的范围。

示波器测量信号电压幅值采用比较法:在示波器荧光屏前都有一坐标刻度,其 X 轴表示时间,Y 轴表示信号的幅度。由于示波器在正常显示区域内,Y 方向的偏转距离与引起偏转的输入电压成正比,可先观察一已知幅度的直流或方波信号,如峰-峰值为 5V 的正弦波,若它恰好在荧光屏刻度上占有 5 格位置,那么 Y 轴刻度的每一格就表示 1V,则此时示波器的偏转因数 V/DIV 旋钮的位置应打在"1V"挡,如图 A-7 所示。再对被测信号进行观察(应保持 Y 轴放大和衰减不变),即可由被测信号幅度所占刻度的格数得出。

现在用的数字存储示波器还可以采用直接用光标测量功能,在测量幅度时,通常都是采用两条水平光标线,分别对准显示图形上任意两个被测点,显示屏上会给出这两点间电压幅度之差。光标法简单直观,且比一般由比较法得到的结果更准确。与自动参数测量法比较,其优点是可以直接测量任意两点间的电压,但自动参数测量法可以直接读得电压有效值、平均值和最大值等参数。通常,现在的数字存储示波器同时提供这两种测电压的方法,用户可自由选择。

2)频率(或周期)的测量

将被测信号波形显示在示波器荧光屏上,根据 X 轴刻度读出被测信号波形的周期所占格数,即可计算出该信号的频 f。例如,若 X 轴扫描因数 T/DIV 旋钮置于 $0.1\mu s$(即 X 轴每格代表 $0.1\mu s$),如果此时观察到一波形的周期在 X 轴上占有 6 格,

则信号的周期为 $T=0.1\mu s/格\times6\ 格=0.6\mu s$，则 $f=1/0.6\mu s\approx1.667MHz$，如图 A-7 所示。同理，现代数字存储示波器具有光标测量功能，常用两条垂直的光标测量时间。两条光标分别置于待测时间段的两端，显示屏上自动显示光标之间的时间间隔 ΔT。光标法测时间简便、直观，若要得到波形参数，可以使用其自动测量功能。

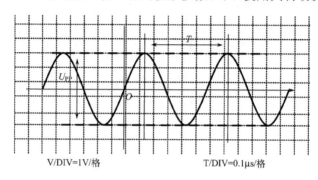

图 A-7　示波法测量信号幅度和频率

3）相位差的测量

相位差的测量通常有两种方法：线性扫描法和李沙育图形法。

线性扫描法是将同频率的信号电压 u_1、u_2 分别加到双踪示波器的 CH1、CH2 端，调节示波器相应通道的有关旋钮开关，并置垂直方式开关为"ALT"或"CHOP"状态，使荧光屏上显示出稳定清晰的波形，并使两波形的基线与荧光屏的坐标横轴重合，同时取其中一个通道的信号（通常取输入信号）为触发信号，如图 A-8 所示。然后读取波形一个周期时间所对应长度设为 $T(cm)$，再读取两个波形过相邻顶点（或零点）的间隔设为 t (cm)，则它们的相位差可表示为

$$\varphi = \frac{t}{T} \times 360°$$

这种方法使用方便但测量精度不高，一般误差达±5°左右。应用这种方法时，为了提高精度，在调整示波器时应使波形的半周期在荧光屏上所占的长度尽量长，以提高时基分辨率。

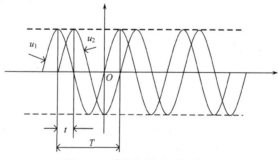

图 A-8　线性扫描法测相位差

李沙育图形法是把两个同频率不同相位的正弦波分别加在示波器的 X、Y 偏转板上(即打开示波器的 X-Y 开关),这时可以得到李沙育图形。设

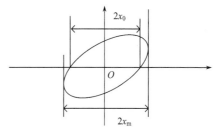

$$\begin{cases} u_x = U_{xm}\sin(\omega t + \theta) \\ u_y = U_{ym}\sin\omega t \end{cases}$$

把它们分别加到示波器的偏转板,调节使椭圆的中心与显示屏坐标原点重合,即椭圆与坐标轴的上下和左右截距分别相等,得到如图 A-9 所示图形。当 $\omega t = 0$ 时, $u_{x0} =$

图 A-9　李沙育图像测相位差

$U_{xm}\sin\theta$,根据偏转距离正比于偏转电压的原理, $x_0 = x_m\sin\theta$,可见

$$\sin\theta = \frac{x_0}{x_m} = \frac{2x_0}{2x_m}, \quad 则 \quad \theta = \arcsin\frac{2x_0}{2x_m}$$

式中, $2x_0$ 为椭圆与横轴相截的距离, $2x_m$ 为显示屏上 X 方向的最大偏转距离。同理,当 X、Y 偏转板上的电压相位差为 θ 时(不论超前还是滞后),存在关系

$$\theta = \arcsin\frac{2y_0}{2y_m}$$

式中, $2y_0$ 为椭圆与纵轴相截的距离, $2y_m$ 为 Y 轴方向的最大偏转距离。

A.3　测量数据与误差的处理

A.3.1　数据舍入规则及结果表示

由于测量误差的存在,得到的数据通常是个近似数,但在表示时为了确切、合理,通常规定误差不得超过末位单位数字的一半。由此可定义有效数字,即规定从其左边第一个不为零的数字起,直到右面最后一个数字止,都叫做该数的有效数字。

读取测量数据的基本原则是最后一位有效数字是估计值,其余各高位均为确知数字。因此,有效数字不同,表明其精确程度不同。如 0.001,0.0001,0.00001 这三个数字都是 1 位有效数字。而 0.0010 这个数尽管大小与 0.001 相同,但它有 2 位有效数字,表明绝对误差不超过 0.00005,而用 0.001 表示,则表明其绝对误差不超过 0.0005,因此它们是不一样的。

当需保留 n 位有效数字时,对超过 n 位的数字应根据舍入规则进行处理。舍入原则是:当多余的有效数字大于 5 时则入,小于 5 时则舍;当此数字等于 5 时,若其前一位为奇数则入,为偶数则舍。例如,将下列箭头左端的数字按照上述舍入原则各舍掉一位有效数字,则应得的数分别为

$$3.281 \rightarrow 3.28 \qquad 5.376 \rightarrow 5.38 \qquad 0.875 \rightarrow 0.88 \qquad 0.825 \rightarrow 0.82$$

对一个测量结果应该如何表示,目前尚不统一。但总的来说,所表示的测量结果要正确反映被测量的真实大小和它的可信程度,同时数据的表达也不应过于冗长,因为过多的位数通常没有意义。因此,对直接测量的数据进行加减乘除运算时,运算结果小数点后有效数字位数通常只保留到参加运算的几个数据中小数点后位数最少的数据位数。例如:

$$\underline{13.65}+0.0082+1.632=15.2902 \rightarrow 结果为 \underline{15.29}$$

$$3.54 \times \underline{4.8} \times 0.5421=9.2114 \rightarrow 结果为 \underline{9.2}$$

多次测量时,取算术平均值可以减少偶然误差对测量的影响。若测得 n 个数据 $x_1, x_2, \cdots, x_n$,则其算术平均值 $\overline{x} = (x_1 + x_2 + \cdots + x_n)/n$。

由偶然误差的特点可知,当测量次数 n 增加时,算术平均值更接近于真值,但事实上测量次数总是有限的,所以算术平均值和真值之间也总存在一定的差异。

A.3.2 实验数据的处理

实验测量过程中会记录大量数据,这些数据可称为原始数据。原始数据包括测量仪表的显示值、仪表的量程、分格常数、单位、误差、测量条件等。实验结论通常是在对这些原始数据进行各种处理或运算后得到的。因此,实验测量过程中应将需要测量的原始实验数据记录在实验报告上。实验结束后,再根据实际需要进一步对这些数据进行整理、归纳、分析和总结才能得出最终的实验结论,整个过程称为实验数据处理。

实验数据处理要求首先对原始数据进行初步归类分析;拟定对同一组数据打算采用表格法还是图示法进行处理,分析并确定数据的单位或量纲;确定数据的有效数字位数,分析测量精度;通过对同组原始数据的比较,初步分析误差的类型,如果某些值偏差较大则属于粗大误差应予以剔除。

实验数据处理还须对实验整理好的数据利用理论或经验公式进行计算、比较、分析,并与理论结果进行比较,验证与理论结论是否一致,如不一致,则需要进一步分析原因,并找出解决方法。需要说明的是,实验数据处理要有计算过程,如有多组数据在处理时用到同一组公式,可以给出一组数据的详细计算和处理过程,其余给出计算和处理结果即可。

常用的实验数据处理结果的表示方法有两种,即表格法和图示法。表格法的优点是形式比较简单,便于对同组数据进行比较和分析,能够清楚看出数据的不同和变化趋势。缺点是不容易得出函数关系和结论,尤其是非线性关系,有时几乎很难根据表格记录的数据得出结论。图示法有分布图、统计柱状图、函数曲线等形式。其中函数曲线在电路分析实验中较为常用。实验数据关系比较复杂,需要用曲线进行分析和处理的,则应在实验报告中绘制函数曲线,为提高曲线的绘制精度,曲线最好用方格纸绘制。函数曲线能够直观、形象地反映两个或几个变量之间的关系,特别是非线性关系,如半导体二极管的伏安特性、RLC 串联谐振的幅频特性等,用绘制曲线的方法就很直观。很多时候处理实验数据时将两种方法结合起来使用,可以互相弥补对方的不足,取得更好的效果。

A. 3. 3　实验误差的合成与分配

有时候,只需对被测量进行一次测量就可得到一个结果,误差就是来源于这一次测量。但在很多实际测量中,误差常来源于多个方面,如若干串联电阻总电阻的误差会与各个电阻的误差有关;而用间接法测电阻上的功率,需测得这个电阻阻值、上面的电压和流过电流这三项中的两项便可计算,这时功率的误差就与各直接测量数据的误差有关,这里功率误差为总误差,而各直接测量量如电压、电流的误差即分项误差。如何根据各分项误差获得总误差便是误差的合成问题,而对总误差的要求,如何反映到各个分项误差当中去即是误差的分配问题。

1. 误差的合成

设 $y = f(x_1, x_2)$,若 y 在 $y_0 = f(x_{10}, x_{20})$ 附近各偏导数存在,则可把 y 展开为泰勒级数

$$y = f(x_1, x_2) = f(x_{10}, x_{20}) + \left[\frac{\partial f}{\partial x_1}(x_1 - x_{10}) + \frac{\partial f}{\partial x_2}(x_2 - x_{20}) \right]$$
$$+ \frac{1}{2} \left[\frac{\partial^2 f}{\partial x_1^2}(x_1 - x_{10})^2 + \frac{\partial^2 f}{2 \partial x_1 \partial x_2}(x_1 - x_{10})(x_2 - x_{20}) + \frac{\partial^2 f}{\partial x_1^2}(x_2 - x_{20})^2 \right] + \cdots$$

若用 $\Delta x_1 = x_1 - x_{10}$,$\Delta x_2 = x_2 - x_{20}$ 表示 x_1 及 x_2 分项的误差,因为 $\Delta x_1 \ll x_1$,$\Delta x_2 \ll x_2$ 则上式中的高阶小量可以略去,则总的误差为

$$\Delta y = y - y_0 = y - f(x_{10}, x_{20}) = \frac{\partial f}{\partial x_1} \Delta x_1 + \frac{\partial f}{\partial x_2} \Delta x_2$$

推广至 y 由 m 个分项合成时,得

$$\Delta y = \frac{\partial f}{\partial x_1} \Delta x_1 + \frac{\partial f}{\partial x_2} \Delta x_2 + \cdots + \frac{\partial f}{\partial x_m} \Delta x_m$$

若求相对误差 γ,则

$$\gamma_y = \frac{\Delta y}{y_0} = \frac{1}{f} \left(\frac{\partial f}{\partial x_1} \Delta x_1 + \frac{\partial f}{\partial x_2} \Delta x_2 + \cdots + \frac{\partial f}{\partial x_m} \Delta x_m \right)$$
$$= \frac{\partial \ln f}{\partial x_1} \Delta x_1 + \frac{\partial \ln f}{\partial x_2} \Delta x_2 + \cdots + \frac{\partial \ln f}{\partial x_m} \Delta x_m$$

因此,设有两个测量数据 A、B 的绝对误差为 ΔA 和 ΔB,C 为 A 和 B 的运算结果,其绝对误差为 ΔC,则有

$$C = A \pm B \rightarrow \Delta C = \Delta A \pm \Delta B$$

$$C = A \cdot B \rightarrow \Delta C = A \times \Delta B + B \times \Delta A$$

$$C = A/B \rightarrow \Delta C = (B \times \Delta A - A \times \Delta B)/B^2$$

同时,相对误差也容易由上面的公式得到,或者用绝对误差除以真值得到。因此

$$C = A \pm B \rightarrow \gamma_C = \frac{\Delta A \pm \Delta B}{A \pm B}$$

$$C = A \cdot B \rightarrow \gamma_C = \frac{\Delta A}{A} + \frac{\Delta B}{B} = \gamma_A + \gamma_B$$

$$C = \frac{A}{B} \rightarrow \gamma_C = \frac{\Delta A}{A} - \frac{\Delta B}{B} = \gamma_A - \gamma_B$$

要说明的是,在上面最后的式子中虽然有负号"−",但实际的误差值不一定是减去就会变小,因为实验误差往往方向是不确定的,因此一般为保险起见用绝对值和来运算。

2. 误差的分配

当给定总误差后,如何将这个总误差分配给各个分项? 从理论上讲由于各分项有多个,故误差分配方案可以有很多,因此应当考虑某些分配的前提和条件。常用误差分配原则有:

1)等准确度分配

指分配给各分项的误差彼此相同(具有相同的系统误差 ε 和随机误差方差 σ)。该方法适用于各分项性质相同,大小相近情况,即

$$\varepsilon_1 = \varepsilon_2 = \cdots = \varepsilon_m, \qquad \sigma(x_1) = \sigma(x_2) = \cdots = \sigma(x_m)$$

因为 $\varepsilon_y = \sum\limits_{j=1}^{m} \left(\dfrac{\partial f}{\partial x_j}\right)\varepsilon_j$,所以 $\varepsilon_j = \dfrac{\varepsilon_y}{\sum\limits_{j=1}^{m} \dfrac{\partial f}{\partial x_j}}$,又因为 $\sigma^2 y = \sum\limits_{j=1}^{m} \left(\dfrac{\partial f}{\partial x_j}\right)^2 \sigma^2(x_j)$,所以

$$\sigma^2(x_j) = \frac{\sigma^2 y}{\sum\limits_{j=1}^{m} \left(\dfrac{\partial f}{\partial x_j}\right)^2}$$

2)等作用分配

指分配给各分项的误差在数值上显然不一定相等。但它们对测量误差总和的作用或者说影响是相同的,即

$$\frac{\partial f}{\partial x_1}\varepsilon_1 = \frac{\partial f}{\partial x_2}\varepsilon_2 = \cdots = \frac{\partial f}{\partial x_m}\varepsilon_m$$

$$\left(\frac{\partial f}{\partial x_1}\right)^2 \sigma^2(x_1) = \left(\frac{\partial f}{\partial x_2}\right)^2 \sigma^2(x_2) = \cdots = \left(\frac{\partial f}{\partial x_m}\right)^2 \sigma^2(x_m)$$

所以

$$\varepsilon_j = \frac{\varepsilon_y}{m\frac{\partial f}{\partial x_j}}, \quad \sigma^2(x_j) = \frac{\sigma^2(y)}{m\left(\frac{\partial f}{\partial x_j}\right)^2}$$

3) 抓住主要误差项进行分配

当各分项误差中第 k 项误差特别大,其他项对总和的影响可忽略,这时可不考虑次要分项的误差分配问题,只要保证主要项的误差小于总和的误差即可。

此外,在选择测量方案时,应注意在总误差基本相同的情况下,还应兼顾测量的经济、简便等条件,如工作电路中,测量电压往往比测量电流和电阻方便。关于实验误差的更详细知识,可参见电子测量理论的相关内容。

对于电路分析实验上述实验基础知识应该是必需的,希望同学们好好掌握。

附录 B   MATLAB 简介

MATLAB 的名称源自 Matrix Laboratory，它是一种科学计算软件，专门以矩阵的形式处理数据。MATLAB 将高性能的数值计算和可视化集成在一起，并提供了大量的内置函数，从而被广泛地应用于科学计算、控制系统、信息处理等领域的分析、仿真和设计工作，而且利用 MATLAB 产品的开放式结构，可以非常容易地对 MATLAB 的功能进行扩充，从而在不断深化对问题认识的同时，不断完善 MATLAB 产品以提高产品自身的竞争能力。

目前 MATLAB 产品族可以用来进行：
- 数值分析；
- 数值和符号计算；
- 工程与科学绘图；
- 控制系统的设计与仿真；
- 数字图像处理；
- 数字信号处理；
- 通讯系统设计与仿真；
- 财务与金融工程；

MATLAB 产品家族的构成见图 B-1，下面对各个组成部分进行介绍：

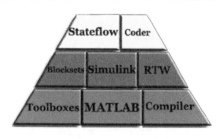

图 B-1   MATLAB 产品家族

MATLAB 是 MATLAB 产品家族的基础，它提供了基本的数学算法，如矩阵运算、数值分析算法，MATLAB 集成了 2D 和 3D 图形功能，以完成相应的数值可视化的工作，并且提供了一种交互式的高级编程语言——M 语言，利用 M 语言可以通过编写脚本或者函数文件实现用户自己的算法。

MATLAB Compiler 是一种编译工具，它能够将那些利用 MATLAB 提供的编程语言——M 语言编写的函数文件编译生成为函数库、可执行文件、COM 组件等，这样就可以扩展 MATLAB 功能,使 MATLAB 能够同其他高级编程语言(如 C/C++语言)进行混合应用,取长补短,以提高程序的运行效率,丰富程序开发的手段。

利用 M 语言还开发了相应的 MATLAB 专业工具箱函数供用户直接使用。这些工具箱应用的算法是开放的、可扩展的,用户不仅可以查看其中的算法,还可以针对一些算法进行修改,甚至允许开发自己的算法扩充工具箱的功能。目前 MATLAB 产品的工具箱有四十多个,分别涵盖了数据采集、科学计算、控制系统设计与分析、数字信号处理、数字图像处理、金融财务分析及生物遗传工程等专业领域。

Simulink 是基于 MATLAB 的框图设计环境,可以用来对各种动态系统进行建模、分析和仿真,它的建模范围广泛,可以针对任何能够用数学来描述的系统进行建模,如航空航天动力学系统、卫星控制制导系统、通讯系统、船舶及汽车动力学系统等,其中包括连续、离散,条件执行,事件驱动,单速率、多速率和混杂系统等。Simulink 提供了利用鼠标拖放的方法建立系统框图模型的图形界面,而且 Simulink 还提供了丰富的功能块及不同的专业模块集合,利用 Simulink 几乎可以做到不书写一行代码完成整个动态系统的建模工作。

Stateflow 是一个交互式的设计工具,它基于有限状态机的理论,可以用来对复杂的事件驱动系统进行建模和仿真。Stateflow 与 Simulink 和 MATLAB 紧密集成,可以将 Stateflow 创建的复杂控制逻辑有效地结合到 Simulink 的模型中。

在 MATLAB 产品族中,自动化的代码生成工具主要有 Real-Time Workshop (RTW)和 Stateflow Coder,这两种代码生成工具可以直接将 Simulink 的模型框图和 Stateflow 的状态图转换成高效优化的程序代码。利用 RTW 生成的代码简洁、可靠、易读。目前 RTW 支持生成标准的 C 语言代码,并且具备了生成其他语言代码的能力。整个代码的生成、编译及相应的目标下载过程都可以自动完成,用户需要做的仅仅是用鼠标点击几个按钮即可。MathWorks 公司针对不同的实时或非实时操作系统平台,开发了相应的目标选项,配合不同的软硬件系统,可以完成快速控制原型(Rapid Control Prototype)开发、硬件在回路的实时仿真(Hardware-in-Loop)、产品代码生成等工作。

另外,MATLAB 开放性的可扩充体系允许用户开发自定义的嵌入式系统目标,利用 Real-Time Workshop Embedded Coder 能够直接将 Simulink 的模型转变成效率优化的产品级代码。代码不仅可以是浮点的,还可以是定点的。

MATLAB 开放的产品体系使 MATLAB 成为了诸多领域的开发首选软件,并且,MATLAB 还具有 300 余家第三方合作伙伴,分布在科学计算、机械动力、化工、计算机通讯、汽车、金融等领域。接口方式包括了联合建模、数据共享、开发流程衔接等。

MATLAB 结合第三方软硬件产品组成了在不同领域内的完整解决方案,实现了从算法开发到实时仿真再到代码生成与最终产品实现的完整过程。

主要的典型应用包括：

● 控制系统的应用与开发——快速控制原型与硬件在回路仿真的统一平台 Concurrent、A&D、NI。

● 信号处理系统的设计与开发——全系统仿真与快速原型验证，TI DSP、Lyrtech 等信号处理产品软硬件平台。

● 通信系统设计与开发——结合 RadioLab 3G 和 Candence 等产品。

● 机电一体化设计与开发——全系统的联合仿真，结合 Easy 5、Adams 等。

MATLAB 常用工具箱：

MATLAB Main Toolbox——MATLAB 主工具箱。

Control System Toolbox——控制系统工具箱。

Communication Toolbox——通讯工具箱。

Financial Toolbox——财政金融工具箱。

System Identification Toolbox——系统辨识工具箱。

Fuzzy Logic Toolbox——模糊逻辑工具箱。

Higher-Order Spectral Analysis Toolbox——高阶谱分析工具箱。

Image Processing Toolbox——图像处理工具箱。

computer vision system toolbox——计算机视觉工具箱。

LMI Control Toolbox——线性矩阵不等式工具箱。

Model predictive Control Toolbox——模型预测控制工具箱。

μ-Analysis and Synthesis Toolbox——μ 分析工具箱。

Neural Network Toolbox——神经网络工具箱。

Optimization Toolbox——优化工具箱。

Partial Differential Toolbox——偏微分方程工具箱。

Robust Control Toolbox——鲁棒控制工具箱。

Signal Processing Toolbox——信号处理工具箱。

Spline Toolbox——样条工具箱。

Statistics Toolbox——统计工具箱。

Symbolic Math Toolbox——符号数学工具箱。

Simulink Toolbox——动态仿真工具箱。

Wavele Toolbox——小波工具箱。

DSP system toolbox——DSP 处理工具箱。

附录 C　如何建立并运行 MATLAB 程序文件

1. 启动 MATLAB 有两种主要方法

- 鼠标双击 Windows 桌面上图标 　。
- 在 Windows"开始"菜单的"程序"选项中选择"MATLAB"。

2. 退出 MATLAB 有两种主要方法

- 命令窗口键入"quit"或"Ctrl＋Q"。
- 鼠标选择菜单 file◊Exit MATLAB。

3. 建立.m 文件

启动 MATLAB 之后看到如图 C-1 所示界面。

图 C-1　启动 MATLAB 界面

如图 C-2 所示,点击 file/new/M-File,新建.m 文件。新建的.m 文件图如图 C-3 所示,点击 file/save as 把这个新建文件保存,就可以在这个.m 文件里面输入自己的程序了。

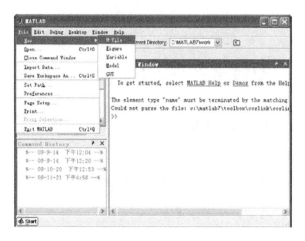

图 C-2　　新建 .m 文件

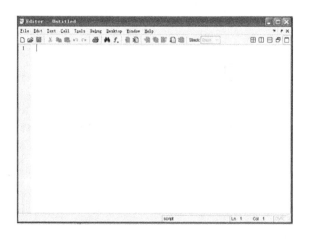

图 C-3　　.m 文件编辑框

4. 编写并运行 .m 文件

在新建的 .m 文件中写入如图 C-4 所示程序,点击运行程序按钮,使 MATLAB 自行运行输入程序。

点击运行按钮之后,MATLAB 会弹出图 C-5 所示对话框,点击确定键。

在命令窗口≫后面输入 x,MATLAB 命令窗口中会输出

x =

　　25.2679

如图 C-6 所示。

运行程序按

图 C-4 编写并运行.m 文件

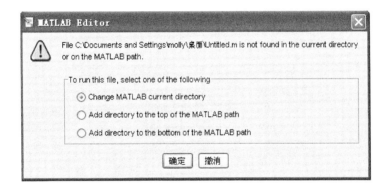

图 C-5 运行按钮对话框

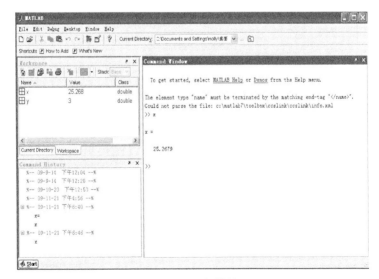

图 C-6 运行结果

附录 D　MATLAB 预定义变量与常用函数

1. MATLAB 预定义变量

ans	用于结果的缺省变量名	inf	无穷大
pi	圆周率	NaN	不定量
eps	计算机的最小数	i 或 j	i=j=−1 的开方

2. MATLAB 常用函数

sin	正弦函数	exp(x)	自然指数
asin	反正弦函数	log(x)	e 为底的对数
cos	余弦函数	Log10(x)	10 为底的对数
acos	反余弦函数	angle(z)	复数 z 的相角
tan	正切函数	real(z)	复数 z 的实部
atan	反正切函数	imag(z)	复数 z 的虚部
abs(x)	绝对值	fix(x)	舍去小数取整
sqrt(x)	开平方	ceil(x)	加入正小数取整
conj(z)	共轭复数	sign(x)	符号函数
round(x)	四舍五入	rem(x,y)	求 x 除以 y 的余数
floor(x)	舍去正小数	lcm(x,y)	最小公倍数
rat(x)	化为分数表示	pow2(x)	以 2 为底的指数
gcd(x,y)	最大公因数	log2(x)	以 2 为底的对数

3. 适用于向量的常用函数

min(x)	向量 x 的元素的最小值	norm(x)	向量 x 的欧氏(Euclidean)长度
max(x)	向量 x 的元素的最大值	sum(x)	向量 x 的元素总和
mean(x)	向量 x 的元素的平均值	prod(x)	向量 x 的元素总乘积
median(x)	向量 x 的元素的中位数	cumsum(x)	向量 x 的累计元素总和
std(x)	向量 x 的元素的标准差	cumprod(x)	向量 x 的累计元素总乘积
diff(x)	向量 x 的相邻元素的差	dot(x, y)	向量 x 和 y 的内积
sort(x)	对向量 x 的元素进行排序(Sorting)	cross(x, y)	向量 x 和 y 的外积
length(x)	向量 x 的元素个数		

4. MATLAB 基本绘图函数

plot	x 轴和 y 轴均为线性刻度（Linear scale）	semilogx	x 轴为对数刻度,y 轴为线性刻度
loglog	x 轴和 y 轴均为对数刻度（Logarithmic scale）	semilogy	x 轴为线性刻度,y 轴为对数刻度

5. 三维效果图

klein1	肤色三维效果图	wrldtrv	在地球仪上演示两地间的飞行线路
tori4	四个首尾相接的圆环	makevase	通过点击鼠标来制作花瓶
spharm2	球形和声	xpsound	声音样本分析
cruller	类似油饼的东西	funfuns	综合了求零点,最小化和单输入函数积分功能
xpklein	Klein 瓶 bottle	sshow e2pi	e^pi 或者 pi^e
modes	L-形薄膜的 12 中模态	quake	地震波可视化
logo	MATLAB 的 Logo	penny	便士可视化
xpquad	不同比例的巴尔体超四方体	imageext	改变图像的映射颜色
truss	二维桁架的 12 个模模态	earthmap	地球仪
travel	旅行商问题动画演示		

6. 优化工具箱

bandem	香蕉最优化展示 expo-style banana optimization	sigdemo1	离散信号的时频图,可用鼠标设置
sshow filtdem	滤波效果演示 filter effect demo	sigdemo2	连续信号的时频图,可用鼠标设置
sshow filtdem2	滤波设计演示 filter design demo	filtdemo	低通滤波器的交互式设计
cztdemo	FFT 和 CZT（两种不同类型的 z 变换算法）	moddemo	声音信号的调制
phone	演示电话通声音的时间与频率的关系	sosdemo	数字滤波器的切片图

7. 神经网络工具箱

neural	神经网络模块组	dctdemo	DCT 演示
firdemo	二维 FIR 滤波器	mlpdm1	利用多层感知器神经网络拟合曲线动画
nlfdemo	非线性滤波器	mlpdm2	利用多层感知器神经网络进行 XOR 问题运算

8. 模糊逻辑工具箱

invkine	运动逆问题	slcp1	类似倒立摆动画 cart and a varying pole
juggler	跳球戏法	slcpp1	类似倒立摆动画,有两个摆,一个可以变化
fcmdemo	FCM	sltbu	卡车支援
slcp	类似倒立摆动画	slbb	类似于跷跷板

参 考 文 献

Alan V. oppenheim. 信号与系统(第二版). 刘树棠译. 西安:西安交通大学出版社,1998

陈后金等. 信号与系统(第二版). 北京:北京交通大学出版社,2003

甘俊英等. 基于 MATLAB 的信号与系统实验指导. 北京:清华大学出版社,2007

马金龙等. 信号与系统. 北京:科学出版社,2006

徐利民等. 基于 MATLAB 的信号与系统实验教程. 北京:清华大学出版社,2011

张昱等. 信号与系统实验教程(第二版). 北京:人民邮电出版社,2011

郑君里. 信号与系统(第三版). 北京:高等教育出版社,2011